Wir danken allen Institutionen, die mit ihrer Unterstützung die Realisierung dieses Buches ermöglicht haben:

Aletsch Arena, Luftseilbahnen Fiesch-Eggishorn AG
Blatten – Belalp
Gemeinde Fieschertal
Loterie Romande
Dienststelle für Kultur des Kantons Wallis

www.as-verlag.ch

Gestaltung und Herstellung: AS Verlag, Urs Bolz, Zürich
Korrektorat: Pablo Egger, Speicher
Druck: B & K Offsetdruck GmbH, Ottersweier
Einband: Josef Spinner Großbuchbinderei GmbH, Ottersweier
ISBN 978-3-906055-45-9

ALETSCH

Der grösste Gletscher der Alpen

Texte und Fotos: Marco Volken

Textbeiträge: Jürg Alean, Barbara Leuthold Hasler, Laudo Albrecht

AS Verlag

INHALT

Die Sonne geht auf über dem Grossen Aletschgletscher.

Linke Seite: Der mittlere Abschnitt des Grossen Aletschgletschers. Hinten links das Sphinx-Observatorium beim Jungfraujoch, daneben Mönch und Trugberg.

Folgende Doppelseite: Der Grosse Aletschgletscher windet sich in einem grossen Bogen um das überragende Aletschhorn. Blick vom Eggishorn.

VORWORT

Die Gletscherlandschaft Aletsch beeindruckte die Besucher schon vor über hundert Jahren. Ihre Wirkung zeigt sich im Zitat des britischen Philosophen und Alpinisten Leslie Stephen, der seine Eindrücke 1871 zusammenfasste: *«Im ganzen Bereich der Alpen gibt es keinen Eisstrom, der den Adel des Aletschgletschers erreicht, wie er in einer königlichen Kurve sich herabschwingt von der Kammhöhe des Gebirges in die Wälder des Rhonetales.»*

Auch die ansässige Bevölkerung, die Sennerinnen und Hirten, die das Gebiet bis an den Gletscherrand bewirtschafteten, drückten ihre Erlebnisse, Erfahrungen und Eindrücke mit «Gejauchze und Liederschall» aus:

Oh, wie bin ich in Aletsch gäru,
Oh wie ischt mier im Aletsch wohl,
Tüöt mier schich d's Härz im Liib erfreuwu,
wenn ich gägu Aletsch soll!

Mit dem Jodellied bestätigten die Menschen stets von Neuem ihre tiefe Verbundenheit mit der Landschaft. Sie waren Selbstversorger und sicherten sich auf den Alpen über dem Gletscher im Sommer und Herbst das Futter für Kühe, Ziegen und Schafe, um den Winter im Rhonetal zu überleben. Gletschervorstösse bedrohten ihre Lebensgrundlage, Rückzüge erfreuten die «Aletscher» dagegen mit erhöhtem Futterertrag zur Existenzsicherung. Dieser Wechselbeziehung aus Bedrohung und Glück erwuchsen vielgestaltige Landschaften aus unterschiedlichen Räumen – jenen der Natur, der Inspiration, des Überlebens, der Kultur, des Erlebnisses oder des Sakralen. Dabei erlebten die Menschen den Gletscher als Subjekt.

Der Grosse Aletschgletscher ist ein Klimazeiger. Das Jungfraujoch, das Eggishorn, das Bettmerhorn oder die Belalp sind hervorragende Lernorte für Gletschergeschichte und reiche Informationsquellen. Von dort aus lassen sich die Gletscherentwicklungen und die damit verbundene Sukzession gut beobachten: der direkte Zusammenhang mit der aktuellen globalen Klimaveränderung ist unübersehbar.

Der Grosse Aletschgletscher ist auch ein Gestalter. Er schleift, fliesst, erodiert, planiert und gestaltet nachhaltig die Landschaft. Mitgestalter sind ebenso die Einheimischen. Dank einer jahrhundertealten traditionellen Bewirtschaftungsform konnten sie eine Übernutzung bisher verhindern. Dies begünstigte die Entwicklung einer einzigartigen Kontrastlandschaft: Unberührte Natur grenzt hier unmittelbar an traditionell gewachsene Kulturlandschaften. Die hohe Attraktivität der Region rund um den Aletschgletscher ist also auch das Ergebnis eines beispielhaften Anpassungsprozesses der Menschen an die Natur.

Die Qualität dieser Landschaft bewog die Weltgemeinschaft der UNESCO im Jahr 2001, das Gebiet «Schweizer Alpen Jungfrau-Aletsch» als erstes Weltnaturerbe der Alpen auszuzeichnen. Daran sind 23 Gemeinden direkt beteiligt: 15 auf Walliser und 8 auf Berner Seite. Sie verpflichten sich, dieses Gebiet von universellem Wert für kommende Generationen zu erhalten und eine nachhaltige Entwicklung zu fördern, und werden dabei vom Bund, von den Kantonen Wallis und Bern und Privaten unterstützt. Die Erhaltung und Förderung dieses einzigartigen Erbes der Menschheit ist eine grosse Herausforderung: Im Zuge der Globalisierung – mit der Tendenz zur Uniformierung, zu erhöhter Austauschbarkeit und zunehmender Gleichgültigkeit – bedingt sie ein breites Engagement. Gefordert sind die Bewohner und Akteure in den Alpen; jene, die Ansprüche an das Welterbe stellen; und alle, die ein Interesse an den Alpen haben.

Beat Ruppen
Geschäftsführer
UNESCO Welterbe Swiss Alps Jungfrau-Aletsch & World Nature Forum

An der Oberfläche zeigt sich manchmal ein blank poliertes Fenster, aus dem es türkisgrün, eisblau oder aquamarin leuchtet, als wäre die Innenwelt des Gletschers blau.
So ist es auch.

Rundpanorama auf dem Aletschgletscher unterhalb des Konkordiaplatzes. Zwei Felsmassive säumen den Eisstrom auf dem Weg Richtung Eggishorn: links die Walliser Fiescherhörner, rechts die Dreieckhörner. Am linken Bildrand Jungfrau, Jungfraujoch und Trugberg, am rechten Gletscherhorn.

Überall Strukturen, Formen und Farben: Zuoberst, im Eisbruch des Mönchs, wo sich die Schichten Jahr für Jahr ablagern; und ganz unten, in der Massaschlucht, wo die Kraft des Schmelzwassers die Felsen seit Jahrtausenden schmirgelt.

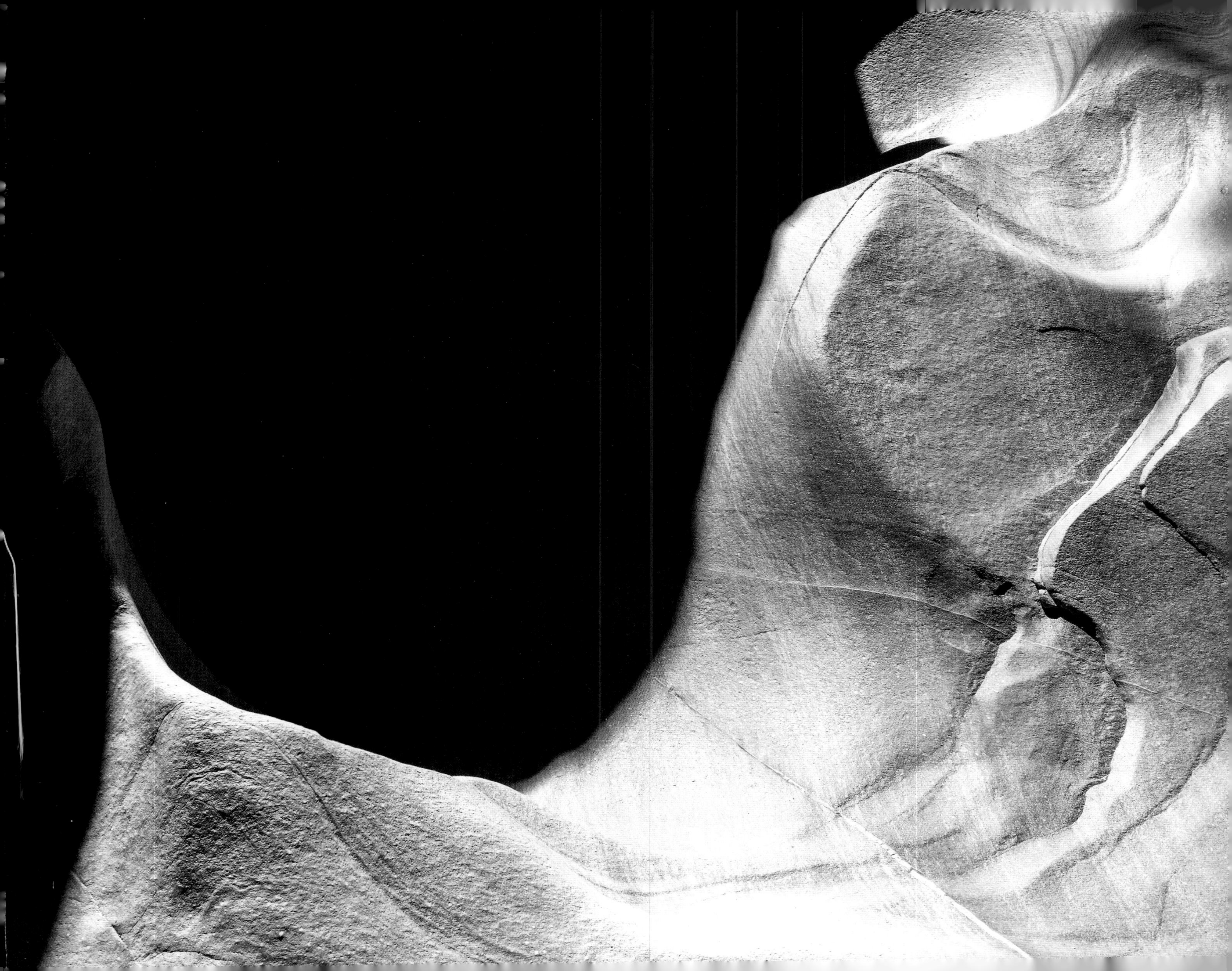

Eine «Grössenordnung, mit der wir auf diesem Erdteil nicht vertraut sind».

«DIE ARKTIS DER ALPEN» – EINE EINLEITUNG

«The most considerable ice-river in the Alps, or perhaps in the world» – so bezeichnete ihn John Murray in seinem Schweizer Reiseführer anno 1861. Als Touristiker war der Brite naturgemäss ein Verkäufer von Superlativen und Illusionen. Vermutlich wusste er auch um seine masslose Übertreibung, war damals doch längst bekannt, dass andere Weltgegenden mit wesentlich grösseren Dimensionen aufwarten konnten: Im Vergleich mit den Gletschern Spitzbergens, Islands oder Nordamerikas ist der Aletschgletscher ein Winzling, ganz zu schweigen von den Eisschildern Grönlands oder der Antarktis.

Doch im Herzen Europas steht er mit seinen Ausmassen einmalig da. Um es mit den Worten des Engländers Hereford Brooke George aus dem Jahr 1866 zu sagen: «Der Grosse Aletschgletscher ist nicht nur tatsächlich der grösste der Alpen, sondern auch der grossartigste und eindrücklichste. In einem einzigen grossen Bogen hinabstreifend, durch keinen Eisfall unterbrochen, hat er den Charakter einer entschlossenen und zugleich unwiderstehlichen Kraft, die sich von keinem Hindernis, und sei es noch so gross, von seiner vorgegebenen Route abbringen lässt. Seine Dimensionen sind tatsächlich kolossal.» Auch der St. Galler Alpinpionier Johann Jakob Weilenmann kam kaum aus dem Staunen heraus, als er den Aletschgletscher 1859 erstmals betrat. «Eine Eisregion von gewaltiger Ausdehnung, ergreifender Erhabenheit umgibt hier den Wanderer. Er glaubt sich in Mitte einer erstarrten, buchtenreichen See versetzt, so topfeben öffnen sich allerwärts die Thäler.»

Immer wieder fällt in der Literatur ein Vergleich auf: der Aletschgletscher als Arktis der Alpen. Auf einen Nenner brachte es der Brite Edward Herbert Bunbury. 1860 schrieb er schlicht und einfach, beim Aletsch gehe es um eine «Grössenordnung, mit der wir auf diesem Erdteil nicht vertraut sind.»

Faszinierend – bis heute

Rund 150 Jahre später stehen wir an einem prächtigen Oktobertag bei der Bergstation des Eggishorns. Das Sonnenlicht streicht über die weite, stille Landschaft, darüber wölbt sich ein sattblauer Himmel. Einige Dohlen scheinen die wärmenden Strahlen zu geniessen – vielleicht die letzten vor dem Wintereinbruch – und geben ihre akrobatisch verspielten Flugeinlagen zum Besten. Das Panorama präsentiert sich schier grenzenlos, und wir stehen mittendrin. Monte Rosa, Mischabel, Matterhorn, Weisshorn, die grossen Walliser, selbst der ferne Mont Blanc: Sie alle bilden einen wild gezackten Horizont aus frisch verschneiten Bergspitzen. Viel näher, unmittelbar vor uns, strebt das schnittige Aletschhorn in die Höhe, leicht zurückversetzt türmen sich die Firnkuppen von Jungfrau und Mönch. Lauter Viertausender, und alle wirken sie überscharf, an diesem Tag mit glasklarer Herbstluft. Anderswo wären solche Gipfel blendende Protagonisten, doch hier wirken sie bloss wie gut aussehende Statisten. Denn der unangefochtene Hauptdarsteller, der die Bühne beherrscht und unseren Blick immer wieder anzieht, ist der Gletscher. Von unserem Standpunkt aus zeigt er sich in seiner ganzen Pracht, wie er vom weit entfernten Jungfraujoch zum Konkordiaplatz herabfliesst, mit seinen Moränen schwungvoll auf uns zuströmt, elegant eine lang gezogene Kurve einlegt und davonzieht, Richtung Rhonetal, wo er sich allmählich auflöst.

Ab und zu tauchen andere Wanderer auf und bestaunen das Schauspiel aus gefrorenem Wasser. Unter dem flach einfallenden Nachmittagslicht treten die Spalten und Eistürme auf dem Gletscher scharf hervor wie schimmernde Skulpturen mit unzähligen Facetten. Risse und Steine, Bäche und kleine Seen verleihen der leuchtenden Eisoberfläche eine Rauigkeit, als wäre sie die zerfurchte Haut eines greisen Riesensauriers. Jedes Hinschauen fördert weitere Details zutage, man könnte stundenlang hinschauen und stets Neues entdecken. Plötzlich fallen uns winzige Punkte auf, die sich langsam auf dem Eis bewegen – durchs Fernglas als Seilschaften auf dem Weg zur Konkordiahütte erkennbar. Eine Wolke ist mit ihrem Schatten

ebenfalls auf dem Gletscher unterwegs. Im Nu holt sie die Bergsteiger ein und lässt sie ebenso rasch wieder hinter sich.

Später verschleiert sich der Himmel, das nun weichere Licht ebnet die Strukturen auf dem Eis ein. Weg ist der Saurier; allmählich wirkt der Gletscher wie ein glatter, leicht bläulicher Fluss, der sich anmutig um das Aletschhorn windet, ohne jegliche Eile, als stünde ihm für seine Reise alle Zeit der Welt zur Verfügung.

Vielleicht liegt genau darin ein Teil der Faszination: dass dieser Koloss von einem Gletscher eine unglaubliche Ruhe ausstrahlt – und dennoch nicht ruht.

Eis kommt – und geht

Berge bewegen sich. Sie kommen und gehen, sagen uns die Geologen. Doch niemand hat je einen ganzen Berg kommen oder gehen sehen. Dafür ist ein Menschenleben zu kurz. Dass sich Flüsse bewegen, erkennen wir auch ohne Wissenschaft. Gletscher sind eine Brücke zwischen diesen beiden Welten. Sie bewegen sich, sie kommen und gehen – nicht so schnell zwar, aber ein Menschenleben reicht vollauf, um dies zu erleben. Aus den Veränderungen, die sich im Laufe der Jahre zeigen, können wir uns das Fliessen eines Gletschers sehr gut vorstellen.

Bei einem grossen Gletscher lässt sich die Dynamik sogar auf den ersten Blick erahnen, wie er fliessend ein ganzes Tal ausfüllt, an den Ufern hängen bleibt, gefrorene Wirbel bildet, über eine Steilstufe turbulent aufreisst, kurz danach wieder sanft dahingleitet und sich stets geschmeidig dem Gelände anpasst. Beim Aletschgletscher wird die Talfahrt zusätzlich unterstrichen durch zwei schwungvolle, dunkle Längsstreifen – die Mittelmoränen.

«Wie ein erstarrter Riesendrache liegt er da, dehnt und reckt stundenweit seinen weissbläulichen Eispanzer, sträubt zornig seine Mähne, wohl im Grimme darüber, dass geheimnisvolle Kräfte seinen Leib in tausend Stücke zerfetzt haben, ja dass sein vernichtender Wille nun in Fels und Flühe eingeengt liegt» – selbst in der lebhaften Schilderung des Belalper Pfarrers Heinrich Zenhäusern aus dem Jahr 1926 sind die Bewegung und die ungestüme Energie des vermeintlich erstarrten Aletschgletschers deutlich zu spüren.

Ewig – aber wohl nicht mehr lange

So lebhaft Gletscher auch sind: Sie gehören zur Bergwelt, und die Bergwelt hat in unserem kollektiven Bewusstsein etwas Gegebenes, Dauerhaftes. Deshalb sprechen wir ja auch vom «ewigen» Eis. Gletscher sind einfach da. Sie bewegen sich zwar, sie fliessen talwärts, erhalten aber von oben stets neue Nahrung in Form von Schnee und Firn, und können somit gar nicht versiegen.

Und doch sind sie längst nicht mehr das, was sie auf alten Stichen, Gemälden und Fotografien einmal waren. Sie schwitzen schwer und schwinden rasch, weil es ihnen zu warm wird und die Nahrung von oben nicht mehr ausreicht. Sie sind zunehmend ausgemergelt und am Verhungern. Vielleicht berührt uns dies deshalb so emotional, weil es vor unseren Augen geschieht, weil wir hautnah erleben, wie uns die Gletscher rasant wegsterben.

Gewiss, immer wieder gab es Vorstösse und Rückzüge. Aber diesmal ist es anders. In den Alpen werden die meisten Gletscher bald Geschichte sein, sehr bald sogar. Selbst der Grosse Aletschgletscher wird auf absehbare Zeit nur noch schrumpfen – zunächst langsam, da er noch eine Weile von seiner schieren Masse zehren kann, dann aber immer schneller. Gemäss Prognosen dürften von der «Arktis der Alpen» in einem Jahrhundert nur noch einzelne Fetzen übrig bleiben.

Ein Hochgebirge ohne Eis? Es sieht ganz danach aus, sagt der Glaziologe Wilfried Haeberli, eine Koryphäe seines Fachs: «Das Rennen um den Erhalt der Gletscher in den Alpen haben wir leider wohl bereits verloren.»

Sieht so die Zukunft aus? Zu den möglichen Szenarien gehört die Entstehung von Seen im ehemaligen Gletscherbett. Die Illustration – sie zeigt die Aussicht vom Eggishorn – stammt aus der Bachelorarbeit in Scientific Visualization, die Noemi Chow an der Zürcher Hochschule der Künste verfasste – ausgehend von den Forschungsergebnissen von Wilfried Haeberli und Andreas Linsbauer. Mehr dazu auf Seite 167.

Gletscher und Eisfelder
des Aletschgebiets, Stand 2012.

FAKTEN UND ZAHLEN

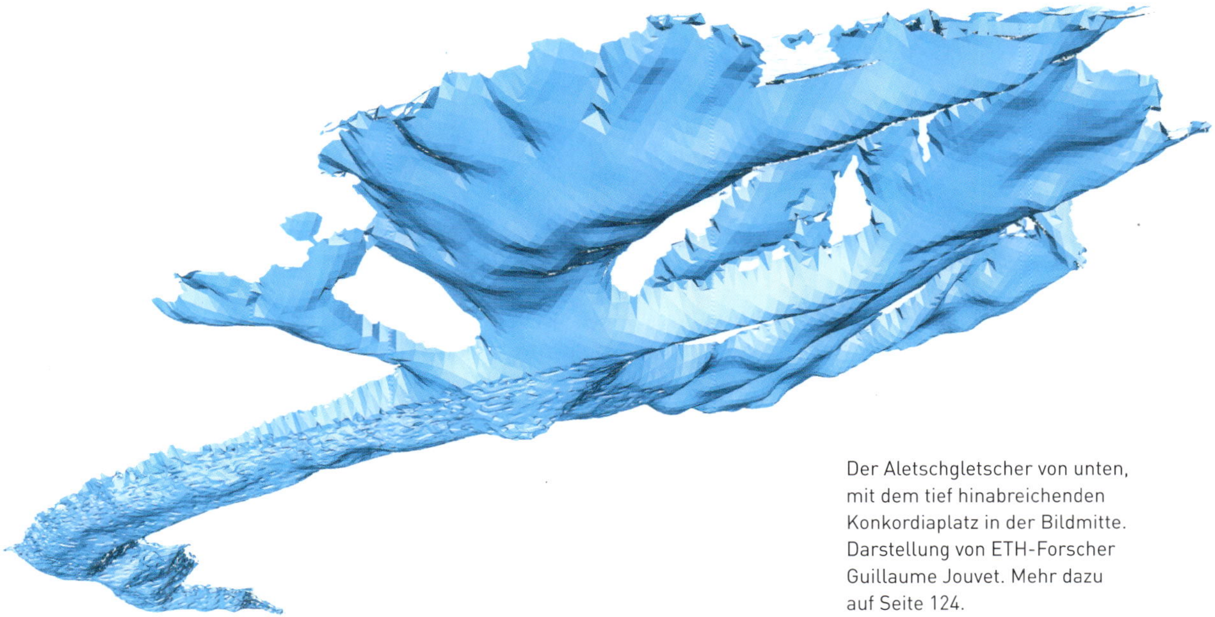

Der Aletschgletscher von unten, mit dem tief hinabreichenden Konkordiaplatz in der Bildmitte. Darstellung von ETH-Forscher Guillaume Jouvet. Mehr dazu auf Seite 124.

Der Aletschgletscher befindet sich in den Berner Alpen – auch nördliche Walliser Alpen genannt – und erstreckt sich von Norden nach Süden. Zuoberst besteht er aus vier Hochfirnen: Der längste Seitenarm, der Grosse Aletschfirn, fliesst von Westen her, der Jungfraufirn von Nordwesten, das Ewigschneefäld von Norden und der schmale Grüneggfirn von Osten. Sie alle vereinigen sich beim Konkordiaplatz. Ab dort gleitet das Eis weiter und wird in den Karten als «Grosser Aletschgletscher» bezeichnet. Doch wie ein Baum nicht bloss aus einem Stamm besteht, sondern auch aus seinen Ästen, wird unter dem Grossen Aletschgletscher ebenfalls der ganze Organismus verstanden – inklusive Äste.

Zwischen dem höchsten Punkt im Einzugsgebiet, dem Aletschhorn, und der Gletscherzunge beträgt das Gefälle rund 2600 Meter. Von der Äbeni Flue bis zum Gletscherende ist der Gletscher 23 Kilometer lang – wer ihn zu Fuss erwandern will, benötigt dafür zwei lange Tage. Über weite Strecken ist er so breit wie fünfzig vierspurige Autobahnen nebeneinander. An Wasser speichert er so viel wie der ganze Vierwaldstättersee. Würde man die jeweils grössten Gletscher Frankreichs, Italiens und Österreichs zusammenlegen – sie wären immer noch deutlich kleiner.

Allein auf der Fläche des Konkordiaplatzes, der nicht einmal einen Zehntel des Aletschgletschers ausmacht, liesse sich locker eine Stadt mit 30 000 Einwohnern und ebenso vielen Arbeitsplätzen unterbringen. Die berühmte Pariser Place de la Concorde, die dem Konkordiaplatz Patin stand, hätte dort siebzigmal Platz, und der Eiffelturm dreimal übereinander: Etwa 900 Meter reicht das Eis in die Tiefe.

Wie im Wallis üblich, befindet sich der Gletscher vollständig in öffentlichem Besitz. Von den heute rund 78 Quadratkilometern Eisfläche gehören gemäss einer Schätzung – das Gebiet ist noch nicht amtlich vermessen – etwa 72 km^2 der Gemeinde Fieschertal. Den Rest teilen sich die Gemeinden Bettmeralp (3,6 km^2), Naters (2,3 km^2) und Riederalp (0,6 km^2).

Oberaletsch- und Mittelaletschgletscher haben sich zwar längst vom Grossen Aletschgletscher abgespalten – der erste in den 1870er-Jahren, der zweite in den 1970ern –, doch geografisch, historisch, kulturell, alpinistisch und als natürlicher Lebensraum gehören sie weiterhin zum System Aletschgletscher, was ja auch in ihren Namen zum Ausdruck kommt. Somit finden sie in diesem Buch gebührende Erwähnung. Mit einer Fläche von 17 km^2 (bei 9 km Länge) ist der Oberaletschgletscher immerhin der fünftgrösste der Schweiz. Etwas weiter zurück in der Rangliste liegt der Mittelaletschgletscher: Für seine Fläche von 6,5 km^2 (und 5 km Länge) gibts Platz 28.

Spalte im Jungfraufirn.

DAS EIS

Die Firnschichtung zeigt sich deutlich an den Figuren im «Eispalast» auf dem Jungfraujoch (unten). Sie ist auch im Abbruch des Hängegletschers an der Südflanke des Mönchs gut zu erkennen; die dunklen Streifen sind Sommerhorizonte (ganz unten).

Der Grosse Aletschgletscher fliesst aus mehreren Firngebieten über 23 Kilometer Richtung Rhonetal. Die geschwungenen Mittelmoränen verdeutlichen die Eisbewegung (rechte Seite).

Jürg Alean

KLEINE KRISTALLE AUF GROSSER FAHRT – DER GLETSCHER VOM FIRNGEBIET BIS ZUR ZUNGE

Der Grosse Aletschgletscher ist ein Gletscher der Rekorde: Von allen Gletschern der Alpen hat er die grösste Länge (rund 23 Kilometer, Stand 2014), die mächtigste Eisdicke (bis über 800 Meter beim Konkordiaplatz), die grösste Oberfläche (gut 78 Quadratkilometer, Stand 2010, entsprechend etwa der Fläche von Brienzer- und Thunersee) und auch mit Abstand das bedeutendste Eisvolumen. Die herausragenden Dimensionen verdankt er seiner Entstehung in ausgedehnten Hochgebirgsbecken zwischen mehreren Viertausendern der Berner Alpen, namentlich Jungfrau, Mönch, Grosses und Hinteres Fiescherhorn, Grosses Grünhorn und Aletschhorn. Diese imposanten Gipfel bilden zusammen mit Sattelhorn, Mittaghorn, Äbeni Flue, Gletscherhorn, Fiescher Gabelhorn und Dreieckhorn (alle über 3700 Meter hoch) und den sie verbindenden Grate die äussere Begrenzung einer zwölf Kilometer breiten Hochgebirgslandschaft, in welcher sich sein Eis bildet.

Vom Schnee zum Eis

In der näheren Umgebung des Jungfraujochs, auf rund 3500 Metern über Meer, fällt infolge der tiefen Temperaturen der Grossteil des Jahresniederschlags als Schnee. Schneeschauer sind hier auch im Sommer mehr die Regel als Ausnahme. Frisch gefallener Neuschnee, von Skitouristen als Pulverschnee geschätzt, ist infolge der feingliedrigen Form der Schneekristalle sehr locker. Aufgrund des hohen Luftgehalts beträgt sein spezifisches Gewicht lediglich zwischen 0,05 und 0,15 g/cm³. Die Neuschneekristalle zerbrechen allerdings schnell, vor allem wenn sie vom Wind herumgewirbelt werden. Partielles Schmelzen und erneutes Gefrieren oder der Druck von darüber abgelagerten Schneeschichten verdichten die anfänglich lockere weisse Masse weiter. Überdauert der Altschnee den nachfolgenden Sommer, heisst er fortan Firn. Der Begriff lässt sich

Im Stollen vom Jungfraujoch zur ehemaligen Richtstrahlanlage am Jungfrau-Ostgrat. Da sich der Firn langsam nach links bewegt, muss er regelmässig rechts abgesägt und links deponiert werden, damit sich das Trassee der Werkbahn nicht verbiegt.

Rechte Seite: 1984 brachen vom Hängegletscher am Mönch 300 000 Kubikmeter Eis ab und stürzten auf den Jungfraufirn unweit der Spur zur Mönchsjochhütte (oben). Die Trümmer einer Eislawine können auf dem Firn weit rutschen. 2014 glitten bis 100 Kubikmeter grosse Blöcke vom Mönch fast bis zur Touristenzone (unten). Blick vom Akkumulationsgebiet auf dem Jungfraufirn, wo auch im Spätsommer Schnee liegt, zum ausgeaperten Ablationsgebiet beim Konkordiaplatz (rechts).

auf das althochdeutsche «firni» für «aus dem letzten Jahr stammend» zurückführen – wie das im Alpenraum gebräuchliche Wort «färn» oder «fern». Beim Aletschgletscher heissen denn auch zwei der drei grossen Hochgebirgsbecken Grosser Aletschfirn und Jungfraufirn (das dritte ist das Ewigschneefäld).

Besonders gut kann man die sukzessiv abgelagerten Firnschichten von der Terrasse des Sphinx-Observatoriums aus an der Südflanke des Mönchs erkennen. In der steilen Flanke gibt es einen Hängegletscher, von welchem immer wieder Teile abbrechen und als Eislawinen auf den Jungfraufirn hinunterstürzen. Manche erreichen imposante Dimensionen: Diejenige vom Sommer 1984 hatte ein Gesamtvolumen von rund 300 000 Kubikmetern. An der annähernd senkrechten Abbruchkante lässt sich das Streifenmuster der abgelagerten Schichten gut erkennen. Manchmal sind sie durch eingelagerte, gelbliche Lagen von Saharastaub besonders deutlich gekennzeichnet.

Aus Firn entsteht schliesslich Gletschereis. Definitionsgemäss erfolgt der Übergang, wenn die luftgefüllten Poren den Kontakt untereinander verlieren, wenn also nur noch isolierte Luftblasen vorhanden sind. Gletschereis bildet sich also in den oberen Bereichen eines Gletschers, dem Akkumulationsgebiet, vor allem durch Verdichtung von Schnee, und in zweiter Linie, wenn oberflächliches Schmelzwasser in die

Firnschichten eindringt und dort wieder gefriert. Mit Akkumulation bezeichnen Glaziologen jeden Vorgang, bei dem der Gletscher an Masse zulegt. Neu entstandenes Gletschereis kann man sehr schön in der Eisgrotte auf dem Jungfraujoch betrachten. Durch künstlich angelegte Tunnel gelangt man in Hallen mit vielfältigen, aus dem Eis herausmodellierten Skulpturen, in denen auch die natürliche Schichtstruktur gut erkennbar ist.

Gletschereis verhält sich zunächst einmal spröde. Schlägt man auf einer Hochtour mit dem Pickel Stufen, splittert es oft wie Glas. Völlig anders verhält es sich unter Druck und stetiger Belastung. Ab einer Tiefe von rund dreissig Metern wird es plastisch. Es beginnt sich kaum merklich zu verformen, wenn Kräfte darauf wirken. Deshalb fliesst jeder Gletscher auf einem geneigten Untergrund gemächlich talwärts.

Aus dem südlich von Jungfraujoch und Mönch gelegenen Jungfraufirn wandert das Eis Richtung Südosten bis zum Konkordiaplatz auf rund 2700 Metern über Meer.

Vom Firngebiet zur Gletscherzunge

Der Konkordiaplatz liegt heutzutage bereits unterhalb des Akkumulationsgebiets. Zwar fällt in der kalten Jahreszeit hier selbstverständlich ebenfalls Schnee, doch sind die Temperaturen im Sommer in dieser Höhenlage bereits so hoch, dass es öfters einmal regnet, was dem Gletscher in Hinblick auf die Bildung von Eis «nichts nützt». Zudem schmilzt im Sommer sämtlicher im vorangegangenen Winter gefallener Schnee wieder ab. Bevor es so weit ist, entwickelt sich auf dem Konkordiaplatz während ein paar Wochen ein wahrhaftiger «Schneesumpf», auf dem man oft knietief einsinkt: Das Schmelzwasser bleibt im Schneematsch zunächst liegen, bis es nach und nach durch Spalten und Löcher ins Gletscherinnere abfliessen kann.

Etwa im August kommt am Konkordiaplatz blankes Gletschereis zum Vorschein und beginnt ebenfalls zu schmelzen. Wir befinden uns hier deshalb im Ablationsgebiet. Dies ist die Zone, in welcher der Aletschgletscher übers Jahr hinweg einen Netto-

Mittelmoränen bilden sich beim Zusammenfliessen von Eisströmen und entstehen ausschliesslich im Ablationsgebiet: Flugaufnahme von 1998 mit Aletschfirn (links), Jungfraufirn (Mitte) und Ewigschneefäld (rechts).

Rechte Seite: Beginn der Mittelmoräne zwischen Aletschfirn (rechts) und Jungfraufirn (links) am Fuss des Kranzbergs. Felstrümmer, die von den Flanken niederstürzen, werden von hier an talwärts transportiert.

Massenverlust erfährt. Mit Ablation sind alle Vorgänge gemeint, die dem Gletscher Masse entziehen, also vor allem Eisschmelze, aber auch das Kalben von Eisbergen in einen See (wie beim Märjelensee). Die Grenze zwischen Akkumulations- und Ablationsgebiet heisst Gleichgewichtslinie. Hier halten sich Eiszuwachs und -verlust im Verlauf eines Jahres genau die Waage.

Vom Konkordiaplatz aus fliesst der Grosse Aletschgletscher weiter talwärts, zwischen Dreieckhorn an seiner West- sowie Grossem und Kleinem Wannenhorn an seiner Ostseite. Anschliessend bildet seine lang gezogene Zunge einen eleganten, in Fliessrichtung nach rechts geschwungenen Bogen. Den besten Überblick über diesen Gletscherteil hat man vom Eggishorn aus, dessen Gipfel von der Bergstation der gleichnamigen Seilbahn erreichbar ist. Die wesentlichen Einblicke gewährt übrigens bereits der Standort der Bergstation selbst. Dass der Grosse Aletschgletscher in ständiger Fliessbewegung ist, erkennt man leicht an seinen ausserordentlich gut ausgebildeten Mittelmoränen – dunkle, auffällig parallel verlaufende Streifen auf der Gletscherzunge. Mit Moränen bezeichnet man sämtlichen von einem Gletscher derzeit bewegten Gesteinsschutt, aber auch solchen, der früher vom Gletscher transportiert und inzwischen bereits abgelagert wurde.

Die zwei auffälligsten Mittelmoränen des Grossen Aletschgletschers entstehen durch das Zusammenfliessen von Grossem Aletschfirn, Jungfraufirn und Ewigschneefäld. In jedem der drei Firnbecken stürzen hin und wieder als Folge der Verwitterung und Erosion aus den aperen, also eisfreien Bergflanken Gesteinstrümmer auf den Gletscher. Diese werden an den Seiten der Eisströme als Seitenmoränen mitgetragen. Beim Konkordiaplatz vereinigt sich die (in Fliessrichtung gesehen) rechte Seitenmoräne des Jungfraufirns mit der linken des Grossen Aletschfirns und die linke des Jungfraufirns mit der rechten des Ewigschneefälds. Die ersten Gletscherforscher interpretierten bereits im beginnenden 19. Jahrhundert Mittelmoränen korrekt als einen Hinweis auf die vermutete Fliessbewegung des Eises. Man bezeichnete sie damals als «Guferlinien», abgeleitet von «Gufer», einer Bezeichnung für Gesteinsschutt und Schutthalden. In diesem Zusammenhang ist interessant, dass eine ausgedehnte, im Permafrost liegende Masse von Gesteinstrümmern, ein sogenannter Blockgletscher, südwestlich des Eggishorns den Namen «Grosses Gufer» trägt.

Dunkler Staub auf dem Gletschereis stammt von der Felsverwitterung; kleine Steine erwärmen sich durch die Sonneneinstrahlung und können so ein Loch in die Eisoberfläche schmelzen.

Rechte Seite: Sandkegel entstehen durch Feinsedimente, die durch Schattenwirkung lokal die Eisschmelze reduzieren (links oben).
Kryokonitlöcher: Auch sie sind ein Ergebnis der Erwärmung kleiner Steine durch die Sonne (links unten).

Gletschertische bilden sich, wenn grosse Felsblöcke durch ihre Schattenwirkung die Eisschmelze verlangsamen. Irgendwann fallen sie von ihrem Eissockel herunter – und beginnen, einen neuen Gletschertisch zu bilden (rechts).

Gletschertische und Sandkegel

Mittelmoränen bilden sich auf Gletschern stets nur im Ablationsgebiet, denn Steine, die im Akkumulationsgebiet auf den Gletscher fallen, verschwinden durch den Firnzuwachs zunächst im Gletscherinneren. Im Ablationsgebiet schmelzen sie hingegen aus und sammeln sich auf der Oberfläche an. Manchmal führen sie dann zur Bildung von Gletschertischen – Felsblöcken, welche auf einem Eissockel liegen und pilzartig über die umliegende Gletscheroberfläche herausragen. Sie entstehen durch das Zusammenspiel von Sonneneinstrahlung und unterschiedlich starker Eisschmelze. Zunächst liegt ein Gesteinsblock ganz normal auf dem Eis. Bei sonnigem Wetter schützt er es vor der direkten Sonneneinstrahlung und behindert damit die Ablation. Gleichzeitig geht um ihn herum die Eisschmelze ungehindert weiter, sodass die Gletscheroberfläche relativ zum Block absinkt. Es wächst also nicht etwa der Gletschertisch in die Höhe, sondern die Eisoberfläche der Umgebung sinkt ab. Mit der Zeit wird der Eissockel so hoch, dass die Sonne immer wirksamer auch seitlich unter den Felsblock scheinen kann. Der Sockel wird damit besonders auf der Südseite geschwächt, bis der schützende Block herunterfällt.

Faustgrosse oder noch kleinere Steinchen bilden keine Gletschertische, weil bei ihnen ein anderer physikalischer Effekt dominiert: Sie absorbieren wegen ihrer dunkleren Oberfläche das Sonnenlicht besser als das helle Eis. Dadurch werden sie erwärmt, und durch Wärmeleitung gelangt die Sonnenenergie – im Gegensatz zu den grossen Blöcken – auch auf ihre Unterseite, wo das Eis zu schmelzen beginnt. Die Steinchen «brennen» sich deshalb regelrecht ins Eis ein und verschwinden in kleinen Löchern. Besonders merkwürdig sieht die Gletscheroberfläche aus, wenn die Vertiefung von dunklem Staub verursacht wird. Es entstehen zylinderförmige Löcher von einigen Zentimetern bis gegen einen halben Meter Tiefe. Diese werden als Kryokonitlöcher bezeichnet. Trotz ihres ästhetischen Reizes bergen sie die Gefahr, dass man als unachtsamer Gletscherwanderer in sie hineintritt und sich beim Sturz verletzen kann.

Vielleicht noch kurioser als Gletschertische und Kryokonitlöcher wirken die etwas selteneren Sandkegel. Unverhofft begegnet man auf der sonst ziemlich flachen Gletscheroberfläche einem einzelnen, manchmal auch Gruppen dieser dunklen Gebilde. Ihre regelmässigen Formen wirken geradezu künstlich. Sie entstehen zunächst durch Ablagerung feinen Gesteinsmehls durch einen Schmelzwasserbach. Dieses kann ebenfalls als Strahlungsschutz für das Eis wirken, welches in der Umgebung wie beim Gletschertisch schneller schmilzt. So wächst der Sand scheinbar in die Höhe. Die geometrisch ebenmässige Kegelform

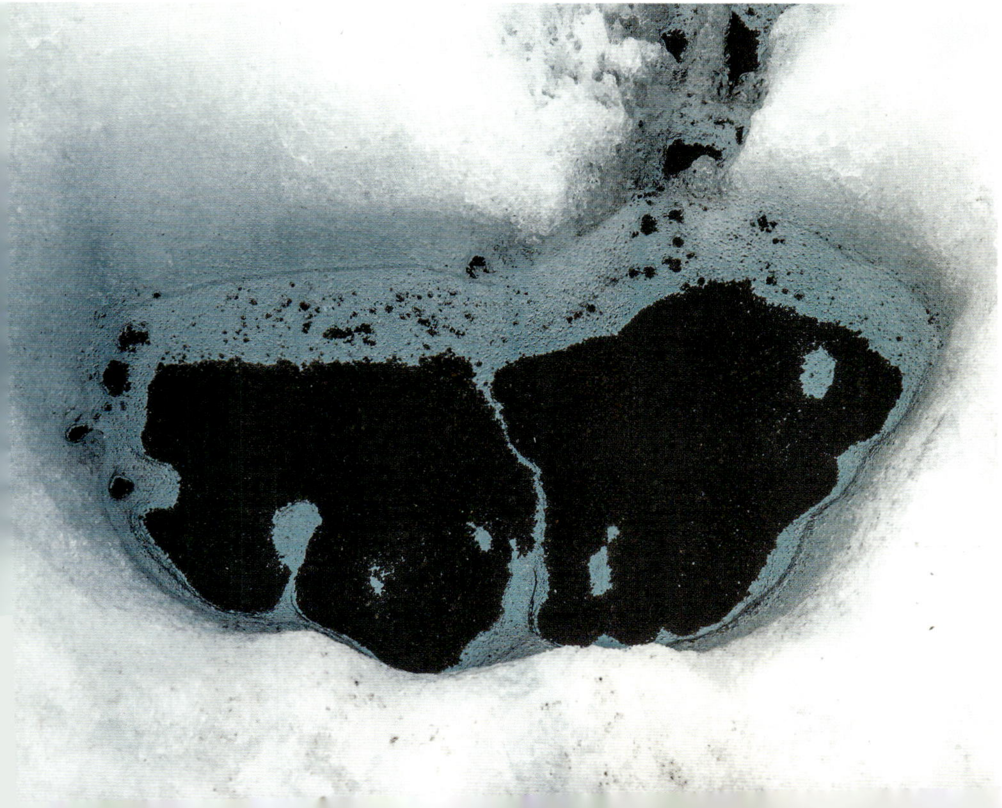

Die Schuttbedeckung nimmt gegen das untere Ende des Gletschers immer mehr zu, bis kaum mehr blankes Eis zu sehen ist.

Rechte Seite: Beim Gletschertor tritt das Schmelzwasser hervor. Die Trübung des Wassers, die Gletschermilch, geht auf feine Gesteinspartikel zurück. Aufnahme vom August 2015.

entsteht, weil der Sand ab einem genau definierten Neigungswinkel abrutscht.

Gegen das Ende des Gletschers hin sammeln sich immer mehr Gesteinstrümmer und -staub auf dem Eis an, sodass die Oberfläche im untersten Bereich stetig dunkler wird. Der Grosse Aletschgletscher endet heute auf einer Höhe von rund 1600 Metern über Meer. Gegen das Gletscherende ist die jährlich abschmelzende Eisschicht bis dreizehn Meter dick. Die Gletscherstirn ist in der engen Schlucht unterhalb des Aletschwaldes allerdings für Wanderer nur schwer zugänglich. Deshalb kann man auch das Gletschertor – die Stelle, wo die Massa, der Gletscherbach des Grossen Aletschgletschers, tosend unter dem Eis hervorbricht –, nur aus der Ferne sehen. Ein geeigneter Standort hierfür ist die Belalp.

Die Massa ist stets trüb und gelblich. Im Volksmund ist von «Gletschermilch» die Rede – weil sie beträchtliche Mengen an Feinsedimenten mit sich führt. Diese Färbung rührt unter anderem vom fein zerriebenen Gesteinsstaub, der durch Erosion am Gletscherbett entsteht und vom Schmelzwasser durch Kanäle im und unter dem Eis mittransportiert wird.

Eisbewegung und Gletscherspalten

Wie lange dauerte nun die Reise eines Eispartikels von der Bildung beim Jungfraujoch bis zum Erreichen der Gletscherstirn? Verbreitet ist die Ansicht, Gletscher seien Überreste aus der Eiszeit. Dem ist jedoch keineswegs so. Selbst das Eis im langen Aletschgletscher ist höchstens einige Jahrhunderte alt. Gletscherforscher haben zwischen Jungfraujoch und Gletscherstirn an mehreren Stellen die jährliche Eisbewegung gemessen. Auf dem Jungfraufirn beträgt sie mehrere Dutzend Meter pro Jahr und nimmt bis zum Konkordiaplatz auf 180 Meter pro Jahr zu. Das Eis bewegt sich dort in der Gletschermitte also durchschnittlich etwa einen halben Meter pro Tag talwärts. Im seitlich einmündenden Eisfall des Ewigschneefälds dürften sogar Geschwindigkeiten von bis über einen Meter pro Tag vorkommen, doch sind Messungen in der von unzähligen Gletscherspalten durchzogenen Zone schwierig und gefährlich. Unterhalb des Konkordiaplatzes wird die Bewegung wieder langsamer, weil der Gletscher dünner und schmaler wird.

Aufgrund der beobachteten Eisgeschwindigkeiten kann man natürlich abschätzen, wie lange ein Eispartikel braucht, um vom obersten Teil des Akkumulationsgebiets bis zur Gletscherstirn zu gelangen. Die errechneten Werte wurden kürzlich durch einen

Rechte Seite: Der Bergschrund (hier an der Ostflanke des Mönchs) ist die höchstgelegene Spalte im Akkumulationsgebiet. Oberhalb des Schrunds ist das Eis an der Flanke angefroren, darunter fliesst es (links).

Diese Felspartien am Nordwestfuss des Eggishorns wurden noch bis vor wenigen Jahren vom Gletscher abgeschliffen – und sind kürzlich durch den Rückgang des Gletschers zum Vorschein gekommen (rechts).

Der lange Weg, den die Körper dreier im Jahr 1926 ums Leben gekommener Bergsteiger bis zu ihrer Auffindung 2012 zurücklegten – berechnet vom ETH-Forscher Guillaume Jouvet (s. Seite 124).

ebenso merkwürdigen wie makabren Fall bestätigt: Im Juni 2012 wurden auf der westlichen Seite des Grossen Aletschgletschers auf 2400 Meter über Meer Knochen von drei Alpinisten gefunden. Forensische Untersuchungen ergaben, dass es sich um sterbliche Überreste einer Gruppe von Bergsteigern handelte, die am 4. März 1926 auf dem Grossen Aletschfirn ums Leben kamen. Drei Brüder und eine vierte Person waren an jenem Tag von Kippel im Lötschental aufgebrochen und erreichten die Hollandiahütte am Lötschenpass. Dort sprachen sie mit anderen Bergtouristen und gaben an, am Nachmittag noch einen Ausflug bis zum Konkordiaplatz machen zu wollen und danach zur Hütte zurückzukehren. Allerdings verschlechterte sich das Wetter während ihrer Tour. Es setzte intensiver Schneefall ein; noch drei volle Tage lang sollte der Schneesturm anhalten. Die vier Bergsteiger kamen nie zurück, und Suchaktionen in den folgenden Wochen verliefen ergebnislos: Die Gruppe blieb verschollen.

Es ist anzunehmen, dass die Bergsteiger nach dem Wetterwechsel zwar umkehrten, aber in Nebel und Schneetreiben die Orientierung verloren. Erschöpft müssen sie erfroren sein. Ihre Leichen wurden schliesslich vom Schnee zugedeckt. Weil anschliessend die kalte Witterung während Wochen anhielt, ist es auch nicht verwunderlich, dass ihre Leichen nicht mehr aufzufinden waren. Ein Sturz in eine Gletscherspalte halten Glaziologen für weniger wahrscheinlich, da drei der vier Personen ganz nahe beieinander den Tod gefunden hatten. Das Schicksal der vierten ist unbekannt.

Nun kann man glaziologische Fliessmodelle sozusagen rückwärtslaufen lassen, um denjenigen Punkt zu bestimmen, bei dem die Bergsteiger umgekommen sein dürften. Mit grosser Wahrscheinlichkeit befindet sich dieser rund einen Kilometer nördlich der Hollandiahütte. Die sterblichen Überreste wanderten während 86 Jahren rund 10,5 Kilometer gletscherabwärts. Etwa 1980 erreichten sie im Gletscherinnern eine grösste Tiefe von rund 250 Metern beim Konkordiaplatz. Anschliessend näherten sie sich wieder der Oberfläche und wurden im Jahr 2012 vom Eis freigegeben.

Wie schnell oder langsam sich Gletschereis bewegt, hängt unter anderem davon ab, wie steil, breit und dick ein Gletscher an der betreffenden Stelle ist. Die Gletscherbewegung basiert auf mehreren unterschiedlichen Komponenten. Wie wir schon oben gesehen haben, verformt sich Eis ab einer gewissen Dicke plastisch. Den Beginn dieser internen Deformation des Eises, der wichtigsten Komponente der Gletscherbewegung, kann man in den höchsten Lagen des Grossen Aletschgletschers anhand des Bergschrunds, der obersten Spalte auf einem Gletscher, erkennen.

Gleichzeitig gleitet der Gletscher aber auch über seinen Untergrund. Beobachtungen dazu sind manchmal in Hohlräumen unter dem Eis möglich. In den letzten Jahren bildeten sich beispielsweise im Zungenbereich bei der Region Chatzulecher (Katzenlöcher) wiederholt Eishöhlen. Manchmal sind deren Decken einigermassen stabil, sodass einzelne Hohlräume mit vertretbarem Risiko betreten werden können. Gut lässt sich darin beobachten, wie das blaugrüne Gletschereis über Felsbuckel schrammt und diese mittels der im Eis eingeschlossenen Felstrümmer und Sand weiter abschleift. Als Folge dieser Gletschererosion kommen nach einem Gletscherrückgang oft wunderschön stromlinienförmig geformte Felsbuckel, sogenannte Rundhöcker, zum Vorschein. Meist sind sie von mehr oder weniger parallel verlaufenden Kratzspuren der darüber geschrammten Felstrümmer, den Gletscherschliffen, gekennzeichnet.

Interessant ist, dass der Grosse Aletschgletscher – wie auch andere grosse Gletscher der Alpen – im Frühsommer schneller als zu den anderen Jahreszeiten fliesst. Dies kommt daher, dass bei einsetzender Schneeschmelze viel Wasser ins Gletscherinnere gelangt. Auf der Oberfläche beobachtet man dann unzählige gurgelnde Schmelzwasserbäche, die sich vereinigen und stetig grösser werden. Manchmal werden sie so gross, dass man sie auf einer Tour nicht mehr gefahrlos überschreiten kann. Dann muss man einem solchen Schmelzwasserbach gletscherabwärts folgen. So findet man meistens irgendwo die Stelle, wo das

Eine Gletschermühle zwischen Konkordiaplatz und Märjelen. Das oberflächlich abfliessende Schmelzwasser stürzt dort ins Innere des Gletschers und erreicht, meist nach mehreren Stufen, das Gletscherbett.

Rechte Seite: Zwei Schmelzwasserströme vereinigen sich beim Konkordiaplatz. Der linke ist durch feines Gesteinsmehl verfärbt, da er durch grössere schuttbedeckte Zonen geflossen ist.

Wasser tosend in einem senkrechten Schacht, einer «Gletschermühle», verschwindet. Durch die Wasserzufuhr baut sich im Gletscherinneren dabei ein derart grosser hydrostatischer Druck auf, dass der Gletscher teilweise von seinem Bett angehoben und dadurch die Reibung am Felsuntergrund verringert wird. Im Verlauf des Sommers vergrössern sich die Kanäle im Innern des Eises, wodurch das Wasser wieder besser abfliessen kann. Obwohl nach wie vor Schmelzwasser von der Oberfläche nachfliesst, sinkt der Wasserdruck, die Bodenreibung nimmt wieder zu und die Bewegung des Gletschers verlangsamt sich ein wenig. Im Winter verschliessen sich die Schmelzwasserkanäle infolge der Deformation des Eises, und der Zyklus kann im nächsten Frühjahr erneut beginnen.

Übrigens können unter bestimmten Bedingungen auch erhebliche Wassermengen in Kavernen im Gletscherinnern zwischengespeichert werden. Solche «Wassertaschen» können sich unverhofft und sehr schnell entleeren. Man spricht dann von einem «Wassertaschenausbruch», der talabwärts zu Hochwasser führen kann. Allerdings entstehen beim Grossen Aletschgletscher dadurch kaum Gefahren, zum einen weil die Massa in ihrer Schlucht nur schwer zugänglich ist, und zum anderen, weil der Abfluss im Stausee Gibidum aufgefangen wird.

Eishöhlen sind Hohlräume zwischen Gletscher und Felsbett. Das Schmelzwasser, das sich einen Weg durch den Gletscher frisst, kann dort Eiszapfen bilden oder subglaziale Schmelzwasserbäche nähren. Wo kein Wasser fliesst, lagern sich zwischen den Felsen Feinsedimente aus zerriebenem Gestein an.

Foliationsstrukturen – hier beim Konkordiaplatz – sind das Ergebnis einer starken Deformation der Firnschichtung im Akkumulationsgebiet. Besonders helle Partien ragen dabei etwas hervor, weil sie weniger schnell abschmelzen als dunklere (oben).

Randspalten am Gletscherrand zwischen Ze Bächu und Driest; sie entstehen durch Spannungen im Eis, das am Rand langsamer fliesst als in der Gletschermitte (unten).

Rechte Seite: Gletscherspalten lassen oft die unterschiedlichen Fliessgeschwindigkeiten im Eis erkennen. Blick vom Bettmerhorn auf den unteren Teil des Gletschers.

Die Eisgeschwindigkeit variiert natürlich nicht nur zeitlich, sondern insbesondere auch räumlich. In steilen Partien ist sie grösser als in flachen. Deshalb reissen über Geländestufen quer zur Fliessrichtung Gletscherspalten auf, weil das Eis in Längsrichtung gedehnt wird. Kleinere Spaltenfelder auf dem Jungfraufirn diktieren unterhalb des Jungfraujochs die Wahl der sichersten Route im Abstieg zum Konkordiaplatz. Der Eisfall am unteren Ende des Ewigschneefälds zwingt gar zum Ausweichen auf den Gletscherrand. Spalten bilden sich auch am Rand, weil sich das Eis zwischen der langsam bewegten Rand- und der schnelleren Mittelpartie verformt.

Gletscherspalten werden für Alpinisten vor allem dann zur Gefahr, wenn sie von Schnee zugedeckt sind. Selbst das erfahrene Auge vermag die unter den Schneebrücken verborgenen Hohlräume manchmal nur schwer, gelegentlich gar nicht zu erkennen. Dies zwingt zum Anseilen, damit von einer Bergsteigergruppe höchstens einer durch eine Schneebrücke einbricht und von den anderen zurückgehalten oder nach dem Sturz ins Seil gerettet werden kann.

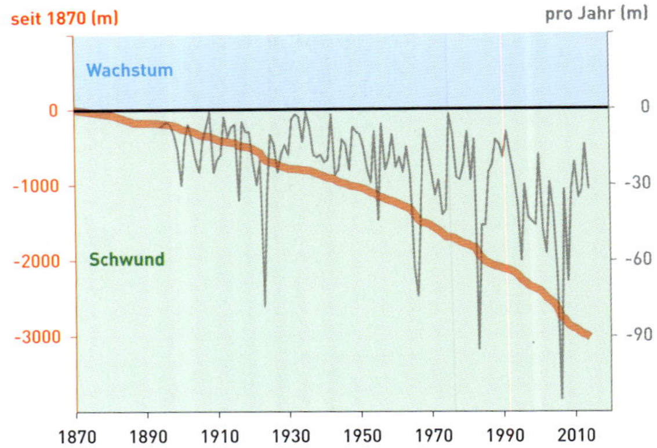

Seit Beginn der jährlichen Messungen Ende des 19. Jahrhunderts hat die Gletscherzunge ausnahmslos jedes Jahr an Länge eingebüsst – mal mehr, mal weniger und im Schnitt um gut 20 Meter, Tendenz zunehmend. Verglichen mit dem Stand von 1870 beträgt der Rückgang derzeit etwas mehr als 3 Kilometer.

Rechte Seite: Der Zugang zur Konkordiahütte leidet schon lange unter dem Gletscherschwund. Regelmässig müssen unten neue Leitern angesetzt werden (links). Der einst beliebte Weg vom Driest auf den Gletscher musste sogar aufgegeben werden – zu steil die vom abgesunkenen Gletscher freigelegte Moränenflanke (rechts).

Gletscherschwund mit Folgen

Wer vor zehn, zwanzig oder gar dreissig Jahren den Grossen Aletschgletscher von den Aussichtspunkten Moosfluh, Bettmerhorn oder bei Märjela gesehen hat und heute wieder an den gleichen Standort zurückkehrt, wird von seinem dramatischen Schwund beeindruckt sein. Wie die anderen Alpengletscher hat er etwa seit 1850, und besonders in den letzten Jahren, gewaltig an Länge und Dicke verloren. Wir verwenden hier bewusst nicht den weitverbreiteten Begriff «Gletscherrückzug», weil dieser suggeriert, dass sich das Eis rückwärts bewegt. Dies tut es selbstverständlich nicht, aber der Gletscher verliert derzeit im Ablationsgebiet viel mehr Eis, als aus dem Akkumulationsgebiet nachfliesst – er wird also kürzer und dünner.

Der Gletscherschwund ist durch die seit Langem hervorragende Qualität der schweizerischen Landeskarten dokumentiert, aber auch durch direkte Positionsmessungen an Gletscherzungen. Bereits in der Mitte des 19. Jahrhunderts begannen Forscher mit jährlichen Positionsmessungen. Aufgrund früherer Beobachtungen an den beiden Grindelwald- und am Rhonegletscher vermutete man damals periodisch wiederkehrende Schwund- und Vorstossphasen. Zu Beginn des 20. Jahrhunderts umfasste das schweizerische Gletschermessnetz bereits siebzig, und ab 1960 etwas über einhundert Gletscher, mehr als in jedem anderen Land der Welt. Die Längenänderungen des Grossen Aletschgletschers sind seit 1870 bekannt (mit nur kurzen Unterbrüchen vor 1900). Beobachtet wurden aber keineswegs periodische Schwankungen, sondern ein mehr oder weniger kontinuierlicher Längenverlust. Von 1870 bis 2014 hat die Zunge genau 3019 Meter an Länge eingebüsst, im Mittel also 21 Meter pro Jahr. Der Rückgang wird allerdings immer schneller und betrug seit 1983 sogar durchschnittlich 35 Meter pro Jahr.

Wie schon erwähnt, wird der Gletscher nicht nur kürzer, sondern auch dünner. Dies hat unter anderem zur Folge, dass der frühere Weg über die Zunge unterhalb des Aletschwalds nicht mehr gangbar ist. Um Wanderungen von der Riederalp zur Belalp weiterhin zu ermöglichen, wurde weiter talwärts eine Hängebrücke über die Massa installiert.

Eine weitere Konsequenz des Absinkens der Gletscheroberfläche ist das fast vollständige Verschwinden des Märjelensees. Heute bildet sich höchstens noch für kurze Zeit im Sommer ein winziger eisgestauter See.

Augenfällig wird der Rückgang des Grossen Aletschgletschers durch die mächtigen Ufermoränen auf beiden Seiten der Zunge. Die auf der Gletscherseite kahlen und extrem zu Steinschlag neigenden, seitlichen Ablagerungen des Gletschers ragen heute bis mehr als zweihundert Höhenmeter über die Eisoberfläche auf und erschweren vielerorts den Übergang vom festen Land auf das Eis. Selbst die Konkordiahütte, seinerzeit ziemlich nahe am Eis gebaut, steht heute 150 Meter höher als der Gletscher. Die aufwendig installierte Treppe, die den Besuchern den Aufstieg erleichtert, muss unten immer wieder verlängert werden.

Gleichzeitig mit dem Grossen Aletschgletscher haben auch seine Nachbarn gewaltig an Länge und Volumen verloren. Bis in die Siebzigerjahre des 20. Jahrhunderts mündete der Mittelaletschgletscher in den Grossen, verlor dann aber den Kontakt. Schon im 19. Jahrhundert trennte sich von ihm der Oberaletschgletscher, der ihn allerdings nur über eine ganz schmale Zunge durch eine tief eingeschnittene Schlucht erreicht hatte. Oberaletsch-, Mittelaletsch- und Grosser Aletschgletscher zeigen ein typisches Phänomen des Gletscherschwunds auf, nämlich dass sich die Anzahl der Gletscher in einem Einzugsgebiet infolge ihres Schwunds vorübergehend vergrössern kann, weil grosse in mehrere kleinere Gletscher zerfallen können.

Gletscher als Klimaindikatoren

Mit ihrem Schwund reagieren die Gletscher im Aletschgebiet genauso wie alle anderen im Alpenraum auf die sich rasch verändernden klimatischen Bedingungen.

Vom ausgehenden 19. bis zum beginnenden 21. Jahrhundert wurde an verschiedenen Messstationen in der Schweiz, darunter auch auf dem Säntis, eine mittlere Temperaturzunahme von rund zwei Grad registriert. Diese Erwärmung mag auf den ersten Blick gering erscheinen, hat aber beim Grossen Aletschgletscher und seinen Nachbarn zu einem mehr als augenfälligen Rückgang geführt. Gletscher sind ausserordentlich sensible Klimaindikatoren. Wie kaum ein anderes Naturphänomen führen sie uns vor Augen, wie schnell sich die Umweltbedingungen im Alpenraum verändern. Zwar könnte auch ein Rückgang der Niederschläge längerfristig zu einem Gletscherschwund führen, doch zeigen die mittleren Niederschlagsmengen in der Schweiz seit Messbeginn weder einen Trend zur Zu- noch Abnahme (obwohl sie von Jahr zu Jahr stark variieren).

Steigende Temperaturen haben auf den Grossen Aletschgletscher deshalb verheerende Auswirkungen, weil positive Rückkoppelungen eintreten: Wird es wärmer, fällt selbst in höheren Lagen immer mehr Niederschlag als Regen, die Eisbildung im Akkumulationsgebiet geht zurück. Gleichzeitig nimmt die Schmelze im Ablationsgebiet zu. Weniger Schnee und mehr blankes Eis bedeutet, dass die Gletscheroberfläche dunkler wird und die Sonnenstrahlung besser absorbiert, was die Eisschmelze zusätzlich verstärkt. Die

In einem Kalkofen im Aletschwald wurden früher Kalkfelsen aus den Moränen des Aletschgletschers zu Branntkalk verarbeitet.

Rechte Seite: Im direkten Vergleich zeigt sich der massive Gletscherschwund der letzten 160 Jahre. Links eine Zeichnung von Eugène Cicéri nach einer Fotografie von Frédéric Martens (ca. 1856) von der Belalp, rechts dieselbe Ansicht anno 2015.

absinkende Gletscheroberfläche bewirkt eine weitere Verstärkung der Ablation – einfach deshalb, weil es in tieferen Lagen selbst ohne Klimaänderung wärmer ist als in der Höhe.

Selbst wenn die aktuellen Temperaturverhältnisse konstant blieben, würde der Aletschgletscher noch lange und stark weiter schwinden, denn er befindet sich derzeit weit entfernt von einem Gleichgewichtszustand. Glaziologische Modellrechnungen prognostizieren für diesen Fall einen weiteren Längenverlust von sechs Kilometern, bezogen auf den Stand der letzten Jahrtausendwende!

Im Gegensatz zu kleinen Eismassen reagieren grosse Gletscher verzögert auf Klimaveränderungen. Dies erklärt, warum sich der Grosse Aletschgletscher in den letzten Jahrzehnten anders verhielt als mancher mittelgrosse Schweizer Gletscher, wie zum Beispiel die weiter östlich gelegenen Rhone- und Stei(n)gletscher. Diese stiessen nämlich in den 1970er- und 1980er-Jahren vorübergehend ein wenig vor. Sie reagierten damit auf einen leichten Temperaturrückgang während der 1950er-und 1960er-Jahre (der inzwischen längst einer weitaus stärkeren Erwärmung Platz gemacht hat). Der Aletschgletscher mittelt dank seiner Grösse klimatische Schwankungen im Bereich einzelner Jahrzehnte vollständig aus. Sein Schwund widerspiegelt den allgemeinen Trend zu höheren Temperaturen über die letzten eineinhalb Jahrhunderte. Natürlich stellt sich in diesem Zusammenhang die Frage, ob – und allenfalls bis wann – der Grosse Aletschgletscher vollständig abschmelzen wird. Bevor wir uns diesem Thema am Schluss dieses Abschnitts zuwenden, blicken wir zunächst aber noch zurück in Vergangenheit.

Schwankungen seit dreitausend Jahren

Die bereits erwähnten, markanten Ufermoränen der Gletscher im Aletschgebiet stammen aus der Kleinen Eiszeit. Bezeichnet wird damit der Zeitraum etwa vom 13. bis zur Mitte des 19. Jahrhunderts. Damals war Europa zwar nicht dauernd, aber mehrheitlich geprägt von tieferen Temperaturen, verglichen mit den heutigen. Damals fiel manchmal im Schweizer Mittelland sogar im Sommer Schnee, und die misslichen Witterungsbedingungen führten zu Missernten und Hungersnöten. In den Alpen stiessen die Gletscher vor, zerstörten für die Bergbevölkerung wertvolle Alpweiden und überfuhren gar Alphütten und kleinere Siedlungen.

Obwohl er vom Rhonetal aus nicht direkt einsehbar ist, war es der Bevölkerung durchaus bekannt, wenn der Grosse Aletschgletscher vorstiess, zumal dies unter anderem die Suonen betraf, die Kanäle, welche mit aufwendiger Gemeinarbeit angelegt und unterhalten wurden und das Gletscherwasser zum Beispiel zur Riederalp leiteten.

Genau beobachtet wurden die Gletscherschwankungen zweifelsohne auch von den Arbeitern, welche bei den Kalkbrennöfen beschäftigt waren. Mauerreste zweier dieser bemerkenswerten Anlagen können noch heute im Aletschwald besichtigt werden. Lärchen und Arven lieferten hier zwar das für das Brennen des Kalks notwendige Holz, aber Kalkfelsen als Rohstofflieferanten gibt es hier weit und breit keine! Verwertet wurden hier stattdessen Kalkblöcke aus der linken Ufermoräne des Gletschers. Beim Jungfraujoch sowie an der Südseite des Mönchs befindet sich eine schmale Zone mesozoischer Kalke, die sich unter dem Eis auch gegen das Ewigschneefäld hinzieht. Von dort transportierte sie der Gletscher zwanzig Kilometer weit nach Süden. Von den weitaus häufigeren Kristallingesteinen liessen sich die Kalkblöcke aufgrund ihrer Färbung gut unterscheiden. Die Kalkbrenner lasen sie zusammen und trugen sie zu den Brennöfen. Maulesel beförderten den Branntkalk schliesslich zu den Baustellen, wo er vor allem als Beimischung zu Mörtel zum Einsatz kam.

Maximale Hochstände wie zuletzt derjenige von 1850 hinterlassen in der Landschaft Moränen und können deshalb oft gut und genau rekonstruiert werden. Schwieriger ist es, vorangehende Hochstände zu

Die Ufermoräne am Ausgang des Mittelaletschtals, anhand der fehlenden Vegetation deutlich zu erkennen, zeugt vom Höchststand der Gletscher im 19. Jahrhundert (links oben).

Wesentlich älter ist die Moräne oberhalb des Aletschwalds, die bei einem vorübergehenden Vorstoss am Ende der letzten Eiszeit entstand (links unten).
Felsen, die während der letzten Eiszeit unvergletschert blieben – wie diese Partie der Fusshörner – fallen durch zerklüftete Formen auf (rechts).

rekonstruieren, weil bei späteren Gletschervorstössen die alten Moränen überfahren, zugedeckt oder erodiert werden. Besonders schwierig gestaltet sich die Rekonstruktion früherer Wärmephasen, in denen die Gletscher kürzer waren als bei den Hochständen. Möglich ist dies dennoch mittels eigentlicher Detektivarbeit an fossilen Hölzern. Wiederholt kamen auf den dem Aletschgletscher zugewandten, steilen Flanken der Ufermoränen als Folge der Erosion fossile Böden, Wurzelstöcke und ganze Baumstämme zum Vorschein. Es sind dies die Überreste von Arven- und Lärchenbeständen, welche der Gletscher bei früheren Vorstössen überfahren und im Moränenschutt konserviert hat. Fossiles Holz kann mit der ^{14}C-Methode recht genau datiert werden. Die Technik der Dendrochronologie erlaubt sogar jahresgenaue Altersbestimmungen und basiert auf der Messung der Breite von Jahrringen im Holz. Diese werden breiter, wenn die Witterung während der Wachstumsperiode warm und eher niederschlagsreich ist. Durch aufwendige Analysen, unter anderem von sehr altem Bauholz, gelang es, viele jahrhundertelange Reihen zu rekonstruieren, in welche die fossilen Holzfunde eingepasst werden können.

Die fossilen Böden und Hölzer belegen, dass der Grosse Aletschgletscher vor der Kleinen Eiszeit bereits Minimalstände erreicht hatte, die etwa dem heutigen Gletscherstand entsprechen. Während des römerzeitlichen Klimaoptimums vor etwas mehr als 2000 und dem bronzezeitlichen vor rund 3300 Jahren war er möglicherweise vorübergehend sogar noch etwas kürzer als heute.

Die Eiszeiten

Ein ganz anderes Bild bietet sich, wenn wir das Rad der Zeit noch weiter zurückdrehen. Auf Zeitskalen von Zehn- und Hunderttausenden von Jahren spielen sich die Eiszeiten ab, während derer der Grosse Aletschgletscher, wie wir sehen werden, jeweils seine Individualität verlor.

Der Walliser Bauer und Gämsjäger Jean-Pierre Perraudin wies schon um 1818 die damaligen Erdwissenschaftler wie Louis Agassiz, Johann von Charpentier und Hans Conrad Escher von der Linth auf eigenartige Felsblöcke im Rhonetal hin, die seiner Ansicht nach vor Urzeiten von den Gletschern dorthin getragen worden waren. Bis anhin hatte man geglaubt, diese Findlinge seien in einer grossen Flut, vielleicht der biblischen Sintflut, verfrachtet worden. Agassiz hielt dem entgegen, dass manche Findlinge kantig waren. Nach einem Transport in einem Hochwasser müssten sie jedoch abgerundet sein. Aufgrund dieser und anderer Beobachtungen entwickelte er die Idee vorgeschichtlicher Gletschervorstösse weiter und verhalf der Eiszeittheorie zum allgemeinen Durchbruch.

Das Ausmass der Vergletscherung rekonstruierte Agassiz anhand der Findlinge. Der eiszeitliche Rhonegletscher stiess durch das Rhonetal vor und vereinigte sich mit allen anderen Gletschern, welche aus den Walliser Seitentälern vorrückten. Auch der Grosse Aletschgletscher war zu jener Zeit nichts weiter als einer der vielen «Zubringer» und somit Teil eines riesigen Eisstromsystems, welches weiter über den Genfersee bis gegen Lyon in Frankreich vorstiess. Ein Teil des Eises war zuvor bei Vevey nach Norden abgezweigt und ergoss sich über das westliche Mittelland, wo es sich mit weiteren Gletschern aus den Freiburger Alpen und dem Berner Oberland vereinigte. Die äussersten letzteiszeitlichen Moränenwälle liegen bei Wangen an der Aare.

Die letzte Eiszeit begann vor rund 115 000 und endete etwa vor 10 000 Jahren. In jener Zeit war das Mittelland zwar nicht dauernd vergletschert, aber es war stets viel kälter als heute und der Permafrostboden verbreitet. Die letzte Maximalausdehnung erreichten die Gletscher vor etwa 20 000 Jahren. Danach schrumpften sie zunächst langsam, später immer schneller. Allerdings wurde der Gletscherschwund am Ende der letzten Eiszeit auch unterbrochen von kurzfristigen, zum Teil wohl recht schnellen Vorstössen. Am Grossen Aletschgletscher sind aus dieser Spätglazialzeit gut erkennbare Moränen erhalten. Beson-

ders markant ist diejenige entlang des Wegs, der oben am Aletschwald entlangführt. Anhand ihrer ausgeprägten Vegetationsbedeckung lässt sich leicht erkennen, dass sie viel älter ist als die tiefer gelegene Ufermoräne aus der Kleinen Eiszeit. Besonders gut erhalten sind auch die spätglazialen Moränenwälle des Driestgletschers auf der gegenüberliegenden Talseite.

Eiszeiten wie die letzte gab es nach neueren Erkenntnissen während der letzten drei Millionen Jahre eine ganze Reihe, sicher mehr als ein Dutzend, und damit auch die entsprechenden Vorstösse des Grossen Aletschgletschers. Während früherer Kältephasen wurden die Gletscher sogar noch grösser, sodass nur noch ganz kleine Teile der Schweiz eisfrei blieben. Die mehrmaligen Grossvereisungen hinterliessen auch an den hohen Bergflanken im Aletschgebiet Gletscherschliffe. Nur die höchsten Gipfel und Grate weisen kantige und spitzige Felsen auf, weil sie selbst in den Eiszeiten über das Eis hinausragten. Die Grenze zwischen abgerundeten und kantigen Felsoberflächen wird als Schliffgrenze bezeichnet. Lehrbuchhaft ausgebildet ist sie zum Beispiel an den Fusshörnern zwischen dem Oberaletsch- und dem Grossem Aletschgletscher. Aus ihrem Verlauf kann man grob auf die Höhe der eiszeitlichen Gletscheroberfläche schliessen; beim Konkordiaplatz lag sie auf fast 3000 Metern über Meer, und selbst über dem heutigen Brig noch bei etwa 2500 Metern. Das Eggishorn schaute zu jener Zeit nur noch als kleine Felsinsel aus dem Eismeer heraus.

Die Zukunft des Grossen Aletschgletschers

Wagen wir zum Schluss noch einen Blick in die Zukunft. Wir haben bereits gesehen, dass sich der Grosse Aletschgletscher derzeit in Bezug auf Massenumsatz weit ausserhalb eines Gleichgewichtszustands befindet.

Viel mehr Eis schmilzt, als neu gebildet wird – er zehrt buchstäblich von seinen Reserven. Selbst im Fall von ab jetzt gleichbleibenden Temperaturen würde er noch lange an Länge und Volumen einbüssen. Von einer Stabilisierung der Temperaturen kann derzeit allerdings in grossen Teilen der Welt und speziell auch in der Schweiz keine Rede sein. Dazu kommt, dass die globale Erwärmung heute immer klarer als vom Menschen verursacht anerkannt wird. Dem Treibhaus Erde heizen wir durch ungebremsten Verbrauch fossiler Energierohstoffe weiter und stetig heftiger ein. In der Schweiz dürfte dies – gegenüber den Verhältnissen um die letzte Jahrtausendwende – bis 2100 zu einer zusätzlichen Erhöhung der Jahresdurchschnittstemperaturen um drei bis sechs Grad führen. Bei den klimatologischen Modellrechnungen sind nicht etwa die atmosphärischen Prozesse die grösste Unsicherheit, sondern die zukünftige Entwicklung der Weltwirtschaft und die damit zusammenhängende, klimawirksame Nutzung von Erdöl, Erdgas und Kohle.

Die Auswirkungen auf den Grossen Aletschgletscher werden verheerend sein. Selbst bei einem optimistischen Szenario wird er bis zum Konkordiaplatz schwinden. Setzt man in die Modelle gar die Temperaturverhältnisse des Jahres 2003 mit seinem legendären Hitzesommer ein, als etwa 5–10 % des verbleibenden Gletschervolumens innerhalb weniger Monate wegschmolzen, geht der Rückgang sogar noch viel weiter. In diesem Szenario verbleiben lediglich kleine Reste an den Flanken der höchsten Gipfel und ein etwas grösserer Gletscherrest beim Ewigschneefäld.

Nicht voraussagen lässt sich mit vernünftiger Genauigkeit, wann genau der dannzumal nicht mehr «Grosse» Aletschgletscher ganz verschwinden wird, denn während er dahinschmilzt, sammelt sich immer mehr Schutt auf seiner Oberfläche an. Dieser wird die letzten Eisreste zunehmend vor der Wärmezufuhr aus der Atmosphäre isolieren und vor direkter Sonneneinstrahlung schützen, ähnlich wie es heute schon auf der fast vollständig von Gesteinsschutt bedeckten Zunge des Oberaletschgletscher der Fall ist. Ansehnlich werden die dann noch verbleibenden Restgletscher allerdings ohnehin nicht mehr sein. Bahnfahrten auf das Jungfraujoch oder aufs Eggishorn werden den Touristen ein völlig anderes Panorama erschliessen als heute.

Sieht so die Zukunft des Grossen Aletschgletschers aus? Die Zunge des Oberaletschgletschers ist schon heute auf mehreren Kilometern fast vollständig mit Schutt bedeckt. Grössere schuttfreie Eisflächen zeigen sich bloss talaufwärts ab dem Zusammenfluss von Beichgletscher (hinten im Bild) und Oberaletschgletscher (rechts aus dem Bild führend).

Gleichzeitig mit dem Verschwinden der grossen Gletscherzungen werden sich neue Seen bilden, weil das Felsbett nicht gleichmässig gegen das Rhonetal hin abfällt. Die grösste Übertiefung des Reliefs befindet sich unter dem Konkordiaplatz. Dort, aber auch weiter unten werden mehrere Seen mit einem Volumeninhalt von einigen bis über zehn Millionen Kubikmetern entstehen; die Bildung weiterer, etwas kleinerer Seen ist als Folge des Schwunds des Oberaletsch- und des Mittelaletschgletschers zu erwarten. Ausserhalb des Aletschgebiets lassen sich derartige neue Seen bereits beobachten, unter anderem vor dem Rhone- und dem Triftgletscher. Ein neuer Gletschersee am Unteren Grindelwaldgletscher wurde durch einen künstlich angelegten Stollen abgesenkt, um die Gefahr befürchteter Hochwasser infolge von Seeausbrüchen zu reduzieren. Die Bildung neuer Seen vor dem schwindenden Aletschgletscher wird schliesslich zur politisch interessanten Frage führen, wem diese gehören und wer für sie verantwortlich ist, wenn sie durch Ausbrüche talabwärts Schäden verursachen.

Alpendohle am Fuss des Strahlhorns.

DIE NATUR

Barbara Leuthold Hasler

LEBEN AN DER GRENZE – FAUNA UND FLORA IM FROST

Tiere und Pflanzen auf einem Gletscher? Unsinn, Gletscher sind zwar landschaftlich sehr attraktiv und sie bewegen sich – aber sie bestehen eben nur aus unbelebtem Eis und Steinen. Oder ist da doch mehr? Wir möchten es genau wissen und unternehmen an einem schönen Tag Anfangs Juli ein Gletschertrekking, das uns vom Jungfraujoch zum Konkordiaplatz und weiter den Aletschgletscher hinunter führt. Um es gleich vorwegzunehmen: Es tummelt sich einiges auf dem Gletscher – nicht nur die Touristen auf dem Jungfraujoch.

Auf Reisen und vom Winde verweht

Bereits nach fünf Minuten treffen wir auf ein erstes Insekt, das über den Schnee krabbelt. Es ist eine Schwebfliege – ein mittelgrosses Insekt mit gelbschwarz gestreiftem Hinterleib, der sie giftig aussehen lässt. In Tat und Wahrheit ist sie völlig harmlos. Sie ernährt sich nämlich hauptsächlich von Pollen und Nektar und lebt deshalb in tieferen Lagen, wo viele Pflanzen blühen. Dass wir sie heute zusammen mit ganz vielen ihrer Artgenossen auf dem Aletschgletscher finden, ist ein Zufall – allerdings kein besonders seltener. Schwebfliegen überqueren nämlich in Massen die Alpen, und manchmal stranden sie dabei auf einem Gletscher.

Etwas weiter unten finden wir einen ausgesprochen hübsch gezeichneten Schmetterling auf dem Schnee, einen Alpen-Scheckenfalter. Dieser Schmetterling lebt über der Waldgrenze, aber nicht auf dem Gletscher. Vermutlich wurde er vom Winde verweht und hat nun auf dem für ihn unwirtlichen Gletscher schlechte Überlebenschancen. Denn es lauern, neben der nächtlichen Kälte, weitere Gefahren auf ihn.

Ballonfahrerinnen und blinde Passagiere

Ganz in der Nähe läuft eine Spinne über den Schnee. Eine Jagdspinne, wie sich herausstellt, also eine Spinne, die ihre Beute nicht mit einem Netz fängt, sondern ihr hinterherjagt. Während die meisten Insekten den Eindruck von Strandgut machen (was sie im Grunde ja auch sind), scheint die Spinne putzmunter. Kein Wunder! Sie findet in diesen Tagen genügend zu fressen. Die Frage nach der Herkunft der Spinne ist damit freilich nicht geklärt. Ganzjährig auf dem Gletscher leben kann sie nicht, also muss sie von weiter unten gekommen sein. Aber wie?

Manche Spinnen lassen sich absichtlich mit dem Wind verdriften, indem sie eine erhöhte Stelle aufsuchen und einen Faden in den Wind werfen, der sie dann mitträgt. Auf diese Weise können Spinnen entlegene Orte wie Inseln, Berggipfel oder Gletscher erreichen, wobei sie den Landeort natürlich kaum beeinflussen können. Sehr kleine Spinnen, die über einen Gletscher wandern, können also ohne Weiteres per Ballonflug (Biologen nennen dies aeronautisches Verdriften) dahin gelangt sein. Aber unsere Jagdspinne ist für einen Flug eindeutig zu gross und zu schwer. Somit bleibt fast nur der Weg als blinder Passagier. Irgendwie muss sie es in die Jungfraubahn und aufs Jungfraujoch geschafft haben. Der wahrscheinlichste Weg ist ein Rucksack. Irgendwann ist sie aus dem Rucksack geflohen – und streift seither fröhlich auf dem Aletschgletscher umher. Sie hat eine gute Chance, zumindest bis zum nächsten Kälteeinbruch zu überleben, den Winter wird sie allerdings kaum überstehen.

Strandgut auf dem Gletscher: Insekten und Spinnen treffen wir auf Gletschern immer wieder an. Die meisten dieser Tiere sind allerdings nicht freiwillig da, sondern wurden mit kräftigen Winden hierhin geweht, wie der zarte Hautflügler im grossen Bild.
Die hübsche Schwebfliege (unten links) wollte möglicherweise die Alpen überqueren. Für beide Insekten dürfte die Reise auf dem Aletschgletscher wohl zu Ende sein, denn zu fressen gibt es für sie hier nichts, und die Gefahr, nachts zu erfrieren, ist gross. Die Jagdspinne (unten rechts) findet zurzeit dagegen einen gedeckten Tisch.

Was auf den ersten Blick aussieht wie dunkler Sand, sind lebende Gletscherflöhe, die in einem kleinen Schmelzwassertümpel treiben (rechts). Die einzelne Schneealge ist von blossem Auge nicht zu erkennen, da sie mikroskopisch klein ist. Aber wenn sie sich bei guten Bedingungen massenhaft vermehrt, bilden sich rote Flecken auf dem Schnee (unten).

Rot ...

Über das Woher und das Wohin von Lebewesen sinnierend wandern wir weiter talabwärts. Wir bewundern die schönen Gletscherabbrüche an der Westflanke des Trugbergs und die gut sichtbaren Jahrringe: Schmutzigbraun verfärbt das Eis vom Sommer, weiss das Wintereis.

Weiter unten, wo der Gletscher flacher wird, finden wir andere Verfärbungen: dunkelrote Flecken auf der Schneeoberfläche. Im Gegensatz zu eingewehtem, ockerfarbenem Saharastaub überzieht dieses Rot nicht flächendeckend die ganze Schneeoberfläche, sondern ist nur an gewissen Stellen ausgeprägt. Die Flecken stammen somit von Schneealgen.

Die Schneealge spielt unter den Lebewesen in der Schneedecke eine ebenso grosse Rolle wie die grünen Pflanzen in anderen Lebensräumen: Sie steht am Anfang der Nahrungskette auf Schnee und Eis. Von der Alge ernähren sich Bakterien, Einzeller und Pilze, von denen sich ihrerseits Insekten und Spinnen ernähren.

Die Schneealge ist übrigens keine Rotalge, wie man denken könnte, sondern eine Grünalge. Die rote Farbe überlagert nur das Grün, das die Alge zur Fotosynthese braucht. Die kräftigen roten Pigmente hat sich die Schneealge als UV-Schutz zugelegt. Im Herbst bildet sie Sporen, die den Winter überleben und aus denen im Frühling neue Algen keimen.

... und schwarz

Wir müssen nicht lange wandern, bis wir eine weitere verdächtige Verfärbung entdecken, eine schwarze diesmal. Auf den ersten Blick sieht es aus wie dunkler Kies, aber der Kies bewegt sich! Hunderte Gletscherflöhe haben sich an der aufgetauten Gletscheroberfläche versammelt.

Der Gletscherfloh gilt als das einzige Tier, das ganzjährig auf dem Gletscher leben kann, weshalb er gelegentlich als der «Held der Gletscher» betitelt wird. Besonders heldenhaft kommen uns die Tierchen im Moment allerdings nicht vor – eher hilflos, wie sie so im Schmelzwasser treiben. Mit einer Grösse von 1,5 bis 2,5 Millimetern sind die Gletscherflöhe von blossem Auge gerade noch erkennbar. Was wir nicht sehen können, sind ihr Körperbau und ihre genialen Anpassungen, die es ihnen erlauben, sogar den Winter auf dem Gletscher zu überleben.

Der Gletscherbewohner schlechthin

Ausser der Grösse und dem Sprungvermögen hat der Gletscherfloh keine Gemeinsamkeiten mit den Flöhen, die wir als Ungeziefer kennen. Er ist ein ur-

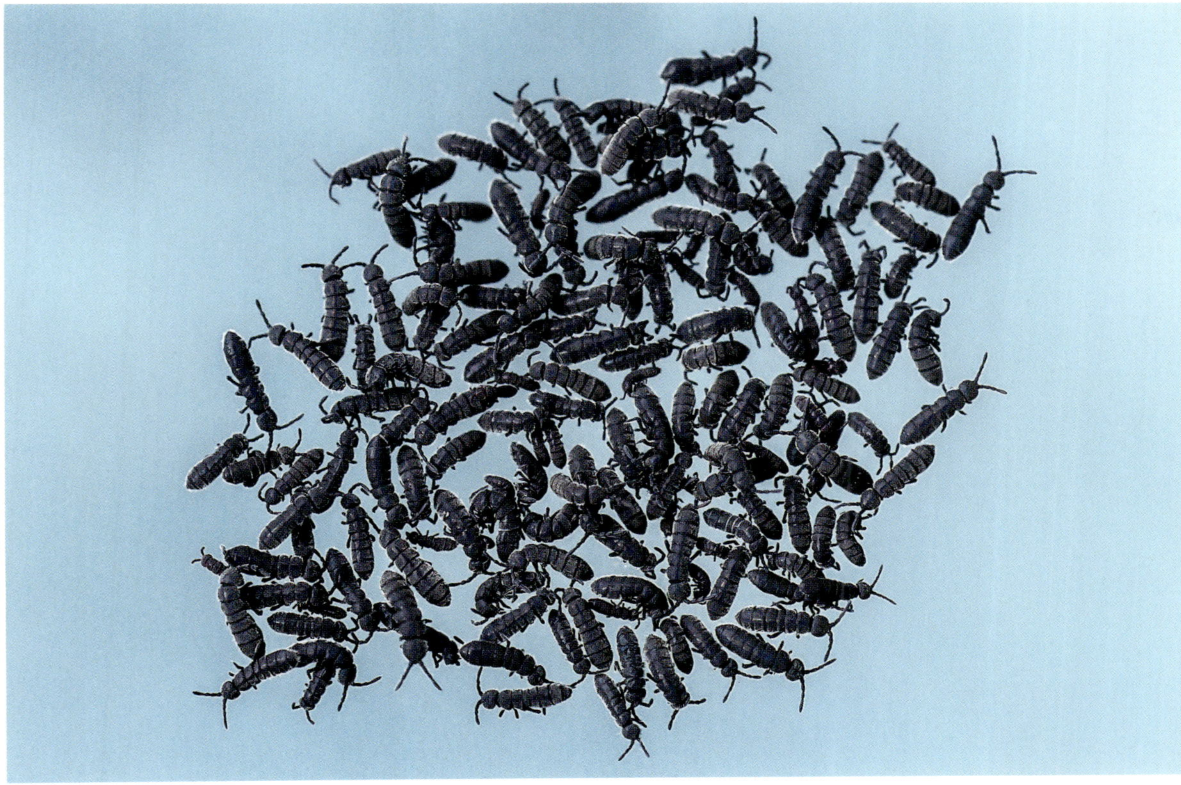

Rechnet man die Sprungkraft eines Gletscherflohs auf den Menschen um, ergeben sich Sprünge von 30 Metern Höhe und 100 Metern Weite. Die kräftige Sprunggabel, die solche Spitzenleistungen ermöglicht, ist meist auch mit der Lupe nicht zu sehen. Solange die Gletscherflöhe ihr Sprungorgan nicht brauchen, halten sie es eingeklappt unter dem Bauch.

tümliches, flügelloses Insekt mit einer Sprunggabel, die er unter den Bauch klappen und mit deren Hilfe er sich bei Gefahr wegkatapultieren kann. Seine Sprünge sind zwar beachtlich weit, aber nicht sehr zielgerichtet. Es kann vorkommen, dass ein Tier bei der Landung kopfüber in einer Schneepore stecken bleibt und sich nur mit Mühe aus der misslichen Lage befreien kann.

Ein röhrenartiger Anhang am Bauch, der sogenannte Ventraltubus, macht dem Gletscherfloh das Leben im Eis leichter. Mithilfe dieses Organs vermag er sich an extrem glitschigen Oberflächen festzuhalten. Zudem dient ihm der Ventraltubus dazu, seinen Körper einzuölen und damit wasserabweisend zu machen.

Am wohlsten fühlt sich der Gletscherfloh bei Temperaturen um 0 °C; bis −15 °C bleibt er aktiv. Er überlebt sogar Temperaturen bis −40 °C dank Zucker- und Alkoholverbindungen, die er selber bildet und die den Gefrierpunkt der Körperflüssigkeiten herabsetzen. Gefährlich wird es für den Gletscherfloh erst, wenn es warm wird. Bereits eine Temperatur von +12 °C ist für das kleine Insekt tödlich.

Gletscherflöhe ernähren sich vegetarisch. Ihre Hauptnahrung sind herbeigewehte Pollen; dazu kommen kleinste andere Pflanzenteile, wie zum Beispiel Schneealgen.

Stets einen kühlen Kopf bewahren

Der Winter ist für die Gletscherflöhe die angenehmste und sicherste Jahreszeit. Dann halten sie sich im Schnee knapp oberhalb des Gletschereises auf, wo eine konstante Temperatur von etwa −3 bis −5 °C herrscht. Wenn im Frühling der Schnee schmilzt, wird es für sie ungemütlich. Dann klettern sie manchmal zu Hunderten an die Oberfläche, um nicht im eindringenden Schmelzwasser zu ertrinken. Dank ihres öligen, wasserabstossenden Körpers können sie zum Glück schwimmen.

Im Herbst ist bei den Gletscherflöhen Fortpflanzungszeit. Das Männchen formt seine Samen zu kleinen Paketen und klebt sie aufs Eis. Wie winzige Pilze, die aus dem Gletscher gewachsen scheinen, stehen die Samenpäckchen da. Das Weibchen krabbelt über die Päckchen hinweg und nimmt die Samen dabei mit seiner Geschlechtsöffnung auf. Einige Tage später legt es die befruchteten Eier ins Eis ab. Nun zeigt sich einmal mehr, dass Gletscherflöhe richtige Eistiere sind: Ihre Eier entwickeln sich nur bei Temperaturen unter +5 °C. Das ist im gesamten Tierreich eine der tiefsten Temperaturen, bei der eine Embryonalentwicklung überhaupt noch möglich ist.

Nach rund zwei Monaten, also Anfang Winter, schlüpft der junge Gletscherfloh aus dem Ei. Bis er selber geschlechtsreif ist, dauert es noch knapp zwei Jahre. Die mittlere Lebenserwartung liegt bei drei Jahren – ein stolzes Alter für ein solch kleines Tier.

Am Morgen nach einem Schneefall zeugen etliche Spuren von nächtlichen Ausflügen auf den Gletscher. Hier hat ein unbekanntes Tier sehr zielsicher seinen Weg durch die Spaltenzone gefunden.

Tierische Gletschertrekkings

Wir überlassen die Winzlinge ihrem Schicksal und gehen Richtung linke Talseite. Nahe beim Hangfuss des Trugbergs stossen wir auf eine Spur, die uns stutzen lässt. Hier hat vor Kurzem ein Steinbock den Gletscher überquert. Vom Trugberg kommend trottete er quer über das Eis, vermutlich um den Kranzberg zu erreichen. Ein grosser Aufwand, um an ein paar magere Pflänzchen zu gelangen. Weder der Trug- noch der Kranzberg sind üppig bewachsen. Aber dafür muss der Steinbock seine kargen Weidegründe nicht mit vielen anderen Tieren teilen. Zudem dürfte er in der Regel vor Menschen und anderen Störefrieden seine Ruhe haben. Offenbar sind dies für den Steinbock genügend Vorteile.

Auch Hanspeter Berchtold, einheimischer Bergführer, Jäger und guter Kenner der Aletschregion, konnte schon mehrfach Huftiere auf dem Gletscher beobachten, unter anderem eine Gämse, die zusammen mit ihrem Kitz in der Nähe unserer Steinbockspur den Gletscher überquerte.

Ganz ungefährlich dürften solche Ausflüge auf den Gletscher auch für die hochgebirgserprobten Steinböcke und Gämsen nicht sein. Die Gebrüder Meyer berichten von folgender Beobachtung während ihrer Erstbesteigung der Jungfrau 1811:

«Einen Fund anderer Art machten wir ungefähr eine halbe Stunde entfernt von den Klippen, wo wir

Ob dieser Steinbock Gefallen finden würde an einem kurzen Gletschertrekking? Steinböcke schrecken vor einer Gletscherüberquerung jedenfalls nicht zurück (links).
Wer eine Zwergspinne beobachten will, muss schnell sein. Denn sobald sich die kleine Spinne entdeckt sieht, huscht sie blitzartig davon, um sich ein neues Versteck zu suchen (unten).

unser Nachlager über dem Vereinigungspunkt des Aletsch- und Lötschengletschers nahmen (gemeint ist der Fuss des Kranzberges). Es waren nämlich ein Paar todte Gemsen; das eine ganz zerschmettert, mit zerbrochenem Gebein, das andere weniger beschädigt, aber vollkommen ausgedörrt und leicht, wie eine Mumie …»

Unter anderem scheinen solche Unfälle weitere Tiere anzulocken. Besonders im Frühling lassen sich regelmässig Spuren von Füchsen, Steinmardern und Hermelinen finden. Wie Gämse und Steinböcke leben auch die Raubtiere nicht dauernd auf dem Gletscher. Aber offenbar treibt der Hunger sie regelmässig zu Streifzügen hierher. Wenn sie nicht das Glück haben, ein Aas zu finden, besteht immer noch die Chance, einen unvorsichtigen Vogel zu überraschen, zum Beispiel eine Alpenbraunelle oder einen Schneefink, oder den Rest eines Lunchs zu ergattern.

Ein Moränenbewohner

Inzwischen sind wir am östlichen Rand des Konkordiaplatzes angelangt, dort wo die zusammenfliessenden Gletscherarme den Gesteinsschutt des Grüneggs zu

einer Mittelmoräne zusammenschieben. In tieferen Lagen verstecken sich zwischen und unter Steinen stets irgendwelche Tiere. Aber hier über dem Eis dürfte es den meisten zu kalt sein. Dort, wo Steine direkt auf dem Eis liegen, trifft diese Vermutung zu. Aber sobald sich mehrere Gesteinsschichten auftürmen, leben Zwergspinnen in den Zwischenräumen. Dreht man einen Stein um, den sie als Versteck nutzen, huschen sie davon. Ihr Körper hat ungefähr die Grösse eines Stecknadelkopfs und ist einheitlich dunkel gefärbt. Wahrscheinlich hat die Farbe wie bei anderen Hochgebirgsbewohnern zwei Funktionen: Einerseits schützt der dunkle Farbstoff die Tiere vor der intensiven UV-Strahlung, und anderseits hilft er ihnen, sich an der Sonne schnell aufwärmen zu lassen.

Die Zwergspinnen sind wie die Jagdspinne frei umherschweifende Jäger. Im Gegensatz zur Jagdspinne haben sie aber nicht zufällig hierhergefunden, sondern dürften hier oben leben – also ein weiteres Tier, das sein Leben auf dem Gletscher verbringt. Allerdings kommt es vermutlich nur dort vor, wo viele Steine auf dem Gletscher liegen. Ohne die zahlreichen Verstecke zwischen den Steinen der Mittelmoräne könnte es hier kaum länger überleben.

Die Alpenbraunelle, ein typischer Bergvogel, hält sich fast immer über der Waldgrenze auf. Sie gehört zu den wenigen Singvögeln, die manchmal sogar im Winter im Hochgebirge ausharren (links).
Im Geröll, nur wenige Meter vom Rand des Gletschers entfernt, hat ein Steinmarder mit seiner Hinterlassenschaft seine Anwesenheit verraten (unten).

Rechte Seite: Seine Weidegründe mögen zwar nicht so üppig sein, aber die Aussicht auf den Aletschgletscher ist dafür umso prächtiger – Murmeltier über dem Konkordiaplatz (oben links). Wer behauptet, die Konkordiahütte hätte keine Duschen? Triefende Alpendohle in Hüttennähe (oben rechts).

Ein richtiger Hochgebirgsspezialist braucht wenig zum Leben. Sowohl der Gefurchte Steinbrech (unten links) wie das Einblütige Hornkraut (unten rechts) können auf blossem Gesteinsschutt neben oder sogar über dem Eis wachsen.

Vom ersten Grün zur Vielfalt

Ganz in der Nähe, auf dem Moränenschutt am Gletscherrand, finden wir das erste Grün. Ein Einblütiges Hornkraut konnte bis hierher vordringen und kleine Polster bilden. Seine im Verhältnis zur Pflanzengrösse riesigen weissen Blüten stellen sicher, dass die wenigen Insekten, die den Konkordiaplatz besuchen, die Blüten schon von Weitem sehen und herbeifliegen, um sie zu bestäuben.

Während des langen Aufstiegs über die Metalltreppen zur Konkordiahütte lässt sich wunderbar beobachten, wie die Alpenpflanzen dem Gletscher langsam näherkommen: Einige Steinbrecharten, zum Beispiel der Moosartige und der Gefurchte Steinbrech, vermochten nur wenige Meter oberhalb des Gletschers in Felsspalten Fuss zu fassen. Bald folgen ein Alpen-Leinkraut und die ersten Flechten.

Nun wird das Leben schnell vielfältiger: Auf einem Felsvorsprung sitzt eine Alpendohle, Schneefinken fliegen vorbei, eine Alpenbraunelle lässt ihr Lied erklingen, unterhalb der Hütte wohnt eine Murmeltierfamilie, Kotspuren verraten die Anwesenheit von Steinmarder und Fuchs, verschiedene Alpenpflanzen haben sich zu grünen, teilweise bunt blühenden Teppichen zusammengeschlossen.

Wir wollen aber auf dem Gletscher bleiben und setzen am nächsten Morgen unsere Entdeckungsreise auf dem Eis fort.

Wer wagt sich aufs Eis?

Wie tags zuvor finden wir auf Moränenschutt am linken Gletscherrand einzelne Polsterpflanzen. Aber im Gegensatz zu den Fundorten von gestern stösst man hier, wenn man im Kies gräbt, in nur 10 Zentimeter Tiefe auf Eis. Normalerweise wachsen auf so dünnen Moränenauflagen über dem Gletscher keine Pflanzen, weil es schlicht zu kalt ist. Dass es hier trotzdem funktioniert, dürfte eine direkte Folge der Klimaerwärmung sein. Mit den höheren Sommertemperaturen in den letzten Jahren ist die dünne Kiesschicht offensichtlich während einer so langen Zeit aufgetaut, dass sich einzelne Gebirgsspezialisten unter den Pflanzen ansiedeln und wachsen können. Es bleibt aber trotzdem ein Grenzstandort.

An den Bergflanken über dem Gletscher herrschen für Pflanzen deutlich bessere Bedingungen – teilweise gar so gute, dass die alpinen Rasen früher als Weiden genutzt wurden. So weideten früher auf Olmen, der Ostflanke des Olmenhorns, Schafe. Die Tiere mussten über den Gletscher, an Spalten vorbei, um zu ihren Weiden zu gelangen.

Auch wenn die Weiden über dem Gletscher heute nicht mehr genutzt werden, herrscht auf dem untersten Teil des Aletschgletschers zuweilen ein buntes Treiben. Wer mit Lokalkennern spricht oder den Gletscher nach dem ersten Schneefall im Herbst besucht, wird überrascht sein, wie viele Tiere zumindest gelegentlich einen Ausflug aufs Eis unternehmen: Gämsen, Steinböcke, Hasen, Füchse, sogar Birkhühner – und diese Aufzählung ist nicht abschliessend.

Was haben wir nun gefunden auf dem Gletscher? Viel mehr als erwartet: einige echte Gletscherbewohner, nämlich Schneealgen, Gletscherflöhe und Zwergspinnen, und daneben viele Gäste. Einige von ihnen waren nicht ganz freiwillig da, andere hingegen schon. Vielleicht haben sie ihren Ausflug auf den Aletschgletscher sogar genossen – so wie wir.

Leuchtende Lärchen machen den Aletschwald im Herbst zum beliebten Fotomotiv.

Die Tafel auf der Belalp erinnert an die Schutzbestimmungen von 1933 – und ist ebenso alt.

Rechte Seite: Der Aletschwald umfasst grosse Arvenbestände. Dort fühlen sich auch Gämsen wohl – oben eine Geiss mit ihrem Kitz, unten ein Kitz im von Alpenrosen durchsetzten Unterholz.

Laudo Albrecht

NATUR- UND LANDSCHAFTSSCHUTZ AM ALETSCHGLETSCHER – DER LANGE AUFSTIEG IN DIE CHAMPIONS LEAGUE

Aletschwald

Am unteren Ende des Grossen Aletschgletschers liegt eines der ältesten Schutzgebiete der Schweiz: der Aletschwald. Auf Initiative von Professor Paul Seippel wurde der einzigartige Lärchen-Arven-Wald 1933 unter absoluten Schutz gestellt.

Paul Seippel, Professor für französische Literatur und Sprache an der ETH Zürich, verfasste bereits 1906 für den «Journal de Genève» einen Artikel unter dem Titel «Pour les aroles», in dem er zum Schutz der Arven im Aletschwald aufrief. Die starke Nutzung durch Holzschlag, Beweidung und das Sammeln von Heidelbeeren hatte dem Wald damals derart zugesetzt, dass dessen Zukunft infrage gestellt war. Es folgten lange und zähe Verhandlungen zwischen dem damaligen Schweizerischen Bund für Naturschutz (heute: Pro Natura), der Burgergemeinde Ried-Mörel und der Alpgenossenschaft Riederalp als Besitzerin des Waldes. Bis dahin stellte der Aletschwald für die einheimische Bevölkerung nämlich einen wichtigen Nahrungs- und Rohstofflieferanten dar, auf den die Bergbauern weder verzichten wollten noch konnten.

Den Meinungsumschwung brachte dann ausgerechnet der Aletschgletscher beziehungsweise dessen Schmelzwasser. Die gefährlichen Suonen, in denen das Gletscherwasser bereits seit Jahrhunderten vom Eisrand auf die trockenen Wiesen am Südhang

des Aletschgebietes geleitet wurde, sollten durch einen knapp drei Kilometer langen Tunnel durch das Riederhorn ersetzt werden. Ein tollkühnes Projekt, das aber an der Finanzierung zu scheitern drohte. Dank geschickter Verhandlungen konnte der Stollenbau schliesslich gerettet werden: Pro Natura versprach, sich mit einem namhaften Betrag am Tunnel zu beteiligen, forderte aber im Gegenzug einen Pachtvertrag und damit den Nutzungsverzicht für den Aletschwald. In einem mutigen und weitsichtigen Entscheid stimmte die Bevölkerung von Ried-Mörel im April 1933 dem Pachtvertrag mit Pro Natura zu. Und als der Staatsrat des Kantons Wallis den Aletschwald am 5. Mai 1933 zum kantonalen Schutzgebiet erklärte, war der Schutz des einzigartigen Waldes perfekt. Zum ersten Mal wurde eine Landschaft im Umfeld des Aletschgletschers geschützt und damit deren Schönheit ausgezeichnet. Aufgrund der späteren Entwicklung dürfte dieser erste Schutzvertrag mit der «Bronzemedaille» des Natur- und Landschaftsschutzes verglichen werden.

Die Bevölkerung stimmte dem Schutz des Aletschwaldes zwar zu, die Akzeptanz liess aber damals zu wünschen übrig. Es erstaunt deshalb nicht, dass man sich nicht immer an die vereinbarten Regeln hielt. Die mit der Aufsicht betreuten Wildhüter und Aufseher von Pro Natura waren jedoch streng: Wer im Aletschwald beim Sammeln von Heidelbeeren erwischt wurde,

Eine Holzsäule markiert die Schwelle zum Welterbe am Eggishorn (rechts). Die Region erfüllt gleich mehrere Kriterien, um von der UNESCO anerkannt zu werden. Dazu gehören beispielsweise die zahlreichen Zeugnisse, an denen sich die Entstehungsgeschichte der Alpen ablesen lässt – wie die gut sichtbaren Moränen aus der letzten Eiszeit (unten).

Rechte Seite: Fiescher Gabelhorn und Chamm, zwei kaum je besuchte Gipfel über dem Konkordiaplatz. Auch die herausragende Schönheit der Landschaft hat zur Auszeichnung als Welterbe beigetragen.

erhielt eine Busse aufgebrummt, die mindestens so saftig war wie die köstlichen Früchte selbst. Konnte die Busse nicht bezahlt werden, drohte sogar Gefängnis, das einzelne Personen offenbar von innen kennengelernt haben sollen, weil sie im Aletschwald mit dem «Heitesträhl» erwischt wurden.

Diese Episoden sind jedoch längst vergessen, und die Akzeptanz für den Schutz des Aletschwaldes ist stark gestiegen. So stark, dass die Bevölkerung 1999 einer Erweiterung des Schutzgebietes um den «Teiffe Wald» zustimmte. Die Fläche nahm damit von ursprünglich 250 auf 330 Hektaren zu. Die aktuelle Fläche wird sogar mit 410 Hektaren angegeben. Diese zusätzliche Vergrösserung liegt im starken Rückzug des Gletschers begründet. Im Pachtvertrag ist nämlich die nördliche Grenze des geschützten Perimeters mit dem Gletscherrand definiert. Und da sich der Gletscher seit Jahrzehnten zurückzieht, verschiebt sich diese Grenze: Der Gletscher schmilzt, während das Schutzgebiet wächst.

BLN-Gebiet

Aufgrund der Einzigartigkeit des Aletschwaldes und der grossen Bedeutung der umliegenden Regionen wurde das Gebiet «Aletsch – Bietschhorn» 1983 ins Bundesinventar der Landschaften und Naturdenkmäler von nationaler Bedeutung (BLN-Inventar) aufgenommen. Der Aletschgletscher und sein Umfeld erhielten damit nationale Bedeutung – sozusagen die «Silbermedaille» des Natur- und Landschaftsschutzes.

Der tatsächliche Schutz eines BLN-Objektes ist jedoch nach wie vor umstritten. Zwar hält das Natur- und Heimatschutzgesetz fest, dass eine Landschaft durch die Aufnahme in das Inventar «in besonderem Masse die ungeschmälerte Erhaltung oder jedenfalls grösstmögliche Schonung verdient». Ein Abweichen von der ungeschmälerten Erhaltung darf nur in Erwägung gezogen werden, «wenn ihr bestimmte gleich- oder höherwertige Interessen von ebenfalls nationaler Bedeutung entgegenstehen». Trotzdem und gegen die Bedenken von Natur- und Umweltverbänden wurde 1991 am Eggishorn eine neue Skipiste gebaut, die auf 180 Metern Länge durch das BLN-Gebiet führt. Die erwähnte «Silbermedaille» erhielt damit einen Kratzer …

UNESCO-Welterbe

Mehr Erfolg hatte Pro Natura mit ihrer Opposition gegen ein Wasserversorgungsprojekt im Aletschgebiet, das in den 1980er-Jahren geplant war und eine kilometerlange Strasse entlang des Aletschgletschers bis ins Märjelental vorsah. Die von Pro Natura eingereichte Beschwerde wurde gutgeheissen und stattdessen eine Variante an der Südseite des Aletschgebietes realisiert. Die sensiblen Nordhänge am Aletschgletscher blieben dadurch unberührt.

Diese Tatsache bildete eine wichtige Voraussetzung, dass die UNESCO den Grossen Aletschgletscher mitsamt Umgebung 2001 in die Liste des Welterbes aufnahm. Die Leitidee der Welterbekonvention ist gemäss Präambel die «Erwägung, dass Teile des Kultur- und Naturerbes von aussergewöhnlicher Schönheit sind und daher als Bestandteil des Welterbes der ganzen Menschheit erhalten werden müssen». Mit der Unterzeichnung der Konvention verpflichten sich die Vertragsstaaten, die innerhalb ihrer Grenzen gelegenen Welterbestätten zu schützen und für zukünftige Generationen zu erhalten, wobei nach wie vor das nationale Recht gilt. Das UNESCO-Welt-

Bergführer Hanspeter Berchtold trägt eine erlegte Gämse über den Aletschgletscher und rastet in einer Spaltenzone mit seinem Kollegen Raymond Tscherrig. Ihre Jagdgründe liegen am Fuss des Olmenhorns – inmitten einer abgeschiedenen Naturlandschaft und genau in der Bildmitte auf der Fotografie rechts nebenan. Seit 1975 ist die Jagd dort wieder erlaubt.

erbe «Schweizer Alpen Jungfrau-Aletsch» umfasste bei der Aufnahme 539 km^2; 2007 wurde das Gebiet auf 824 km^2 erweitert.

Das Welterbe «Schweizer Alpen Jungfrau-Aletsch» stellt ein einzigartiges Zeugnis für die Entstehungsgeschichte der Alpen dar und ist das grösste zusammenhängende Gletschergebiet im alpinen Raum. Die von Eiszeiten gestaltete Natur- und Kulturlandschaft ist von herausragender Schönheit und Vielfalt und gilt als hervorragende Informationsquelle über den aktuellen Klimawandel. Das Gebiet erfüllt drei von vier Kriterien der UNESCO zur Aufnahme in die Welterbeliste; zur Aufnahme wird nur die Erfüllung eines einzigen Kriteriums gefordert.

Zweifelsfrei bedeutet die Auszeichnung mit dem Welterbe-Label eine grosse Ehre auf internationaler Ebene und könnte mit der «Goldmedaille» im Natur- und Landschaftsschutz verglichen werden. Der Aletschgletscher und die Landschaft rund um den längsten Eisstrom der Alpen sind damit in die Champions League aufgestiegen, auf Augenhöhe mit Berühmtheiten wie die Serengeti, die Galapagos-Inseln und der Yellowstone-Nationalpark. Das Label bedeutet aber nicht nur eine Ehre, sondern auch die Verpflichtung, die Landschaft so an die nachfolgenden Generationen weiterzuvererben, dass sie auch in Zukunft das Label «Welterbe» verdienen wird.

Jagdbanngebiet

Während der zahlreichen Begehungen, die dem Schutz des Aletschwaldes vorausgingen, erkannten die Beauftragten von Pro Natura die «trostlose Wildarmut im Aletschwald und in den umliegenden Alpentälern». Rothirsch und Steinbock waren längst ausgerottet, Reh und Gämse nur noch selten anzutreffen. Deshalb wurde die Errichtung eines eidgenössischen Wildasyls gefordert, in dem die Wildtiere nicht bejagt werden dürfen. Bereits im September 1933 wurde das zwischen Märjelensee, Aletschhorn, Bietschhorn, Ausserberg und der Riederalp gelegene Gebiet mit einer Fläche von 180 km^2 zum kantonalen Bannbezirk erklärt. 1934 folgte eine erste Erweiterung des Perimeters – ostwärts bis zum Grünegghorn, und westseitig durchs Bietsch- und Jolital bis an die Lötschberglinie. 1935 wurde das obere Lötschental an den Jagdbann angegliedert und im folgenden Jahr das ganze Wildasyl zum eidgenössischen Banngebiet erklärt. Damit war der grösste eidgenössische Jagdbannbezirk mit einer Fläche von 440 km^2 geschaffen.

Dank einer straff organisierten Aufsicht, an der neben Wildhütern auch Forstbeamte, Polizisten und das Streckenpersonal der Lötschbergbahn beteiligt waren, und aufgrund von Wiederansiedlungen von Wildtieren, wie dem Steinbock, erholten sich die Wildbestände derart schnell, dass das Banngebiet später mehrmals verkleinert und schliesslich in Teilgebiete aufgetrennt wurde. Das Banngebiet am südwestlichen Rand des Aletschgletschers zwischen Eggishorn und Riederhorn ist eines dieser Teilgebiete und soll als vielfältiger Lebensraum für wildlebende Säugetiere und Vögel erhalten bleiben. In einer Zeit, in welcher der Mensch mit seinen Freizeitaktivitäten in die letzten unberührten Landschaften vordringt, erhalten solche Schutzgebiete eine grosse Bedeutung, weil die Wildtiere gerade dort ihre – vor allem im Winter so wichtige – Ruhe finden.

Die Sommersiedlung Aletschji, die Gletscherzunge und der Aletschwald. Aussicht von der Belalp.

DIE MENSCHEN

VERTRAUTE EHRFURCHT – WIE DIE MENSCHEN DEN GLETSCHER ERLEBTEN

«Rühme den Berg und halte dich im Grund!» So lautet ein altes Sprichwort in Naters. Ob in diesem Ratschlag auch die Empfehlung mitschwingt, einen gesunden Sicherheitsabstand zum grössten Gletscher der Alpen zu wahren? Verständlich wäre es. Schliesslich hat der Aletschgletscher den Menschen in seinem Einzugsgebiet immer wieder Umstände, Unbehagen und Unglücke beschert. Als unversiegender Wasserspeicher war er ein wichtiger Lebensspender, löste aber ebenso todbringende Fluten aus. Als unstete Masse änderte er fortlaufend seine Umrisse, füllte mit seinem Eis manchmal Felsschluchten auf und diente so als willkommene Brücke, um von einem Ufer zum anderen zu gelangen; er konnte aber auch ganze Landstriche umpflügen und alles mitreissen. Wie lebte es sich denn mit einer solchen Eismasse im Nacken?

Die Besiedlung am Aletschgletscher
Obwohl der Aletschgletscher in tiefe Lagen vorstösst wie wenige andere im Alpenraum – anno 2015 lag seine Zunge auf rund 1600 Metern –, ist er vom Talgrund aus nicht sichtbar. Und dies seit Jahrtausenden. In Naters, Brig oder Fiesch kann man ihn nicht einmal erahnen. Auch in historischen Stichen und Gemälden kommt er kaum vor, anders als etwa die Gletscher bei Chamonix oder Grindelwald.

Doch das Bild vom verborgenen, erst in der Neuzeit entdeckten Riesen trügt. Schon in der Bronzezeit, vor 3000 oder gar 3500 Jahren, lebten Menschen im Aletschwald. Sie schlugen Bäume, rodeten Waldflächen und liessen ihre Tiere weiden. Dies ergibt sich jedenfalls aus Pollenanalysen der dortigen Moore.

Mehrere Schriftstücke und Funde – darunter ein rund 800 Jahre alter Holzhammer – belegen, dass die Schmelzwasser des Aletschgletschers seit dem Hoch-

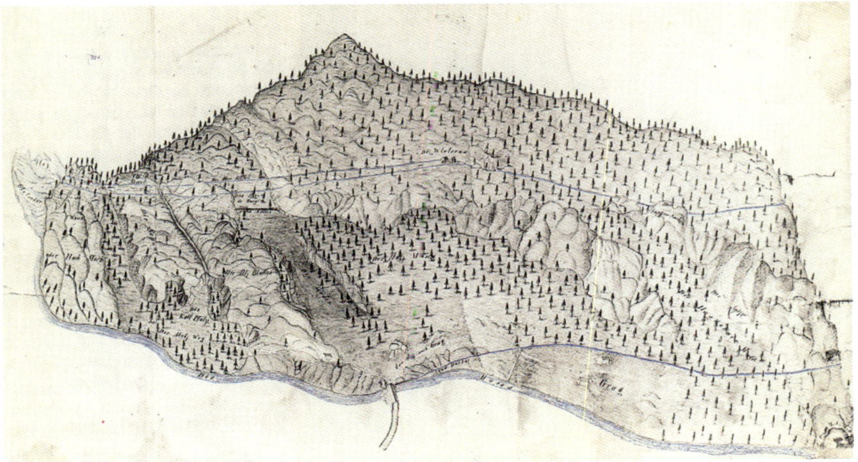

Von der Talsohle bei Brig konnten sich die Menschen kein Bild vom Aletschgletscher machen (Lithographie von Eugène Cicéri, um 1860). Wohl aber vom Eggishorn aus (Aquarell von Edward Theodore Compton, um 1890).

Wie wichtig der Eisstrom einst im Alltag war, zeigt ein Plan des Aletschwalds mit den von Gletscherwasser gespeisten Leitungen – ein Plan, der gemäss Gletscherhistoriker Hanspeter Holzhauser um 1750 entstanden sein dürfte.

Schon vor Jahrtausenden hielten Menschen am Rand des Aletschgletschers Nutztiere und liessen sie weiden – vielleicht Schafe? Und wie weit wagten sich die Hirten und Jäger ins Eisgebirge hinein?

mittelalter, vermutlich noch vor dem Jahr 1200, gefasst und über Leitungen auf weit entfernte Äcker geleitet wurden. Die Fassungen lagen dabei oft nahe an der Gletscherzunge, um von dort aus möglichst hoch gelegene Felder zu erreichen. Entsprechend mussten diese Wasserfassungen immer wieder verlegt und erneuert werden – im Gleichschritt mit den Verschiebungen des Gletschers.

Dass sich auch Hirten, Holzfäller und Jäger schon früh regelmässig in Lagen von weit über 2000 Metern aufhielten, in unmittelbarer Nähe des mächtigen Eisstroms, zeigen weitere Urkunden. Die erste bekannte Erwähnung des Namens Aletsch («Alech») stammt aus dem Jahr 1231 und bezeichnet einige Alphütten im heutigen Aletschji. 1351 erlaubten die Gemeinden Fiesch und Fieschertal der Nachbargemeinde Martisberg, quer durch die Alpweiden von «Meriolum», also der Märjelenalp, eine Wasserleitung zu bauen – und zwar «versus glezerium», auf der dem Gletscher zugewandten Seite. Ein weiteres Dokument aus dem Jahr 1463 hält das Recht einiger Alpen fest, Brennholz und Bauholz im Aletschwald auf der gegenüberliegenden Seite des Gletschers schlagen zu dürfen. Das Holz wurde dann vom einen Ufer über den Gletscher hinweg zum anderen transportiert, teilweise mit Pferden und Maultieren.

Der Gletscher stellte also kein unüberwindbares Hindernis dar: nicht einmal für Kühe, wie im Fall der Alp in Olmen. Mehrere Sagen schildern Olmen als einst stattliches Dorf, das von der Pest ausgelöscht wurde. Für bare Münze darf man diese Erzählungen natürlich nicht nehmen. Dass aber dort tatsächlich einst eine Alp stand, zeigen die erhaltenen Fundamente einiger Steinhütten. Zudem ist in amtlichen Dokumenten ab dem 15. Jahrhundert von Kuhrechten in Olmen die Rede. Doch die Alp, die sich am linken Ausgang des Mit-

Seit Jahrhunderten lassen die Natischer ihre Schafe im Innern Aletschji weiden. Jeweils Ende August wandern die Tiere über die Treppenanlage der Steigle (oben) zurück zur Belalp und werden dort in einem Färrich nach Eigentümern geschieden (oben links).

Eisfrei ist der Weg der Schafe erst seit 1972. Bis Ende der 1940er-Jahre überquerten Bauern aus dem Goms mit ihren Tieren – Kühen, Rindern und Ziegen – gar den Grossen Aletschgletscher in dessen ganzer Breite, um zu den Weideplätzen des Aletschji zu gelangen.

In Olmen, am Zusammenfluss von Mittelaletsch- und Grossem Aletschgletscher, war einst (hier um 1865) eine ringsum von Eis umgebene Rinderalp. Heute liessen sich die grünen Hänge des Olmenhorns auch eisfrei erreichen, da der Mittelaletschgletscher stark zurückgewichen ist. Doch die Alp ist längst aufgegeben worden.

telaletschtals befand, war damals ringsum von Gletschern umgeben – Kühe und Rinder mussten demnach übers Eis wandern, um zu ihrem Sömmerungsplatz zu gelangen. Zu jenen Zeiten, in denen der Oberaletsch- und der Grosse Aletschgletscher zusammenflossen, galt dies gar für das ganze Innere Aletschji.

Im Mittelalter überschritten Menschen im ganzen Alpenraum regelmässig vergletscherte Pässe, ungeachtet der Spaltenzonen oder steilen Firnpassagen, die zu bewältigen waren. Dass solche Übergänge heute oft angeseilt begangen werden und als alpinistisch gelten, darf uns nicht zu voreiligen Schlüssen verleiten – denn der Gang über viele Gletscher lässt sich selbst ohne Steigeisen problemlos bewerkstelligen, sofern man über etwas Trittsicherheit verfügt. So ist es nicht verwegen zu glauben, dass einst Menschen über den Aletschgletscher ins Lötschental wechselten oder gar nach Grindelwald, was mehrere Chronisten mutmassten – obwohl bis heute ungewiss ist, ob dies tatsächlich geschah, und wenn ja, auf welcher Route.

All diese Menschen, diese Hirten und Jäger, Suonenbauer und Holzfäller konnten durch eigene Beobachtungen anhand von Merkmalen in der Landschaft und dank des mündlich tradierten Wissens früherer Generationen feststellen, dass sich die Ausmasse des Gletschers änderten. In gewissen Zeiten nahm er zu, in anderen zog er sich zurück.

Der Untergang von Olmen

Drinnen in Olmen am Fusse des hochragenden Olmenhorns in einer lieblichen Gegend zwischen dem Mittel- und dem Grossen-Aletschgletscher befand sich einstens ein stattliches Dorf. Fette Matten und saftige Weiden boten zahlreichen Rinderherden ergiebige Nahrung. Zur Zeit des grossen Todes [der Pest] verödete aber das Dorf zum grössten Teil, so dass schliesslich nur noch zwei Bauern mit ihren Familien übrig blieben. Der eine war sehr reich und hatte viele Kühe und Rinder; der andere aber war arm und besass nur eine Kuh. Eines Tages erkrankte nun der arme Bauer sehr schwer und seine einzige Tochter Kathri kam zum reichen Nachbar und bat ihn flehentlich: «Ach gebt mir doch einen Tropfen Milch. Der liebe Vater leidet so furchtbaren Durst und wir haben gar keine Milch; denn unsere Kuh ist jetzt galt [gibt keine Milch].» Der Reiche aber wies sie hartherzig ab mit den Worten: «Für Bettelvolk habe ich keine Milch.» Nach einigen Tagen lief die Kathri wieder zum Nachbar und sagte ihm: «Ach seid doch so gut und gehet hinunter nach Naters und holet den Pfarrer, um den Vater zu versehen. Ich kann selber nicht fortkommen, sonst ist ja der kranke Vater ganz allein.» «Was nach Naters hinunter soll ich?» wetterte der reiche Bauer, «das tue ich nicht, dazu habe ich keine Zeit.» Weinend sprach hierauf das Mädchen: «Dann muss ich selber gehen; denn unversorgt kann ich den Vater nicht sterben lassen. Aber um Gotteswillen schauet doch hie und da nach dem Vater und gebt ihm etwas zu trinken.» Und in grösster Eile lief sie nach Naters. Aber der Weg war lang und erst nach vielen Stunden kam sie mit dem Geistlichen nach Olmen zurück. Inzwischen aber war der Vater gestorben, verschmachtet vor Durst, denn der reiche Nachbar und seine Hausleute hatten nicht ein einziges Mal nach dem Kranken geschaut. In wildem Schmerz verfluchte dann Kathri den unbarmherzigen Nachbar und all' sein Hab und Gut. Alsbald entstand ein schreckliches Ungewitter und vom Olmenhorn lösten sich gewaltige Felsmassen los und begruben das Dorf und den reichen Bauern mit seiner ganzen Familie.

Aus: Walliser Sagen, Band I, Brig 1907.

Die Bedrohung durch den vorrückenden Gletscher liess auch zeitgenössische Wissenschafter und Maler nicht kalt. 1849 zeichnete der französische Geologe Henri Hogard die bedrängten Hütten im Aletschji (links) und aquarellierte die Gletscherstirn, die den Wald allmählich umdrückte und eine Wegverbindung am rechten Bildrand überfuhr (rechte Seite).

«Dem gefrässigen Gletscher Stillstand gebieten»

Unmittelbar bedrohlich waren die Zeiten, in denen der Gletscher stark zunahm. Dann konnte das Eis Wegverbindungen unterbrechen, alpwirtschaftlich genutzte Gebiete überfahren, Bauten niederreisen, Nutzwälder auslöschen und Wasserfassungen oder Leitungen zerstören.

Um 1650 erreichten die Gletscher der Region einen vorübergehenden Hochstand und drangen weit hinab. Um den Vorstoss des Fieschergletschers zu bannen, organisierten die Einwohner von Fieschertal 1652 eine Prozession und legten ein Gelübde ab, «damit Gott durch die Fürbitte der Mutter Maria seinen Zorn abwenden möge, den man aus dem Vordringen des Gletschers, der Hab und Gut vernichten könnte, drohen sehe». Ein Jahr später waren es die Bewohner von Naters, die ihre Weiden im Üssern Aletschji vor dem Zugriff der Eismassen zu bewahren versuchten. An der Prozession nahmen auch zwei Patres des Jesuitenordens teil. Es «wird ein Bittgang nach dem Eisberge, der vier Stunden entfernt ist, veranstaltet. Trotz des Regens schreitet man barhaupt einher; auf dem Wege wird entweder gesungen oder abwechselnd im Chore gebetet. Angelangt am Sitze des Übels, wird vorab das heilige Messopfer gefeiert, dann eine kurze Predigt gehalten, hierauf mit dem Allerheiligsten der Segen erteilt, um den sich schlängelnden Gletscher einzudämmen und demselben Zügel anzulegen, auf dass er nicht weiter mehr sich ausdehne. Es werden die feierlichen Beschwörungen der Kirche in Anwendung gebracht und der äusserste Teil des Gletscherberges mit Wasser, geweiht im Namen unseres heiligen Vaters (St. Ignatius), besprengt. Überdies wurde daselbst eine Säule aufgerichtet, auf der sich das Bildnis ebendesselben Patriarchen befand, gleichsam das Bild eines Jupiter, der nicht flüchtigen Soldaten, sondern dem gefrässigen Gletscher Stillstand gebietet. Und diese Zuversicht auf die Verdienste des Heiligen blieb nicht ohne Frucht. Er hat den Gletscher zum Stehen gebracht, so dass er von nun an sich nicht weiter ausdehnte. Im Monat September 1653» – so berichtet eine Walliser Jesuitenchronik für das 17. Jahrhundert.

Die Beschwörung des Fieschergletschers

Im Erner Wasen stand ein Christkind-Mirakelbild; dies nahm ein heiligmässiger Erner Pfarrer (Michael Feliser † 1653), um dem starken Zunehmen des Gletschers Einhalt zu tun. Erst nach dreistündigem Beten, Segnen und Beschwören kam er ganz schweisstriefend aus den Schlünden. Zum Gelingen mussten die Fieschertaler drei Dinge auf ewige Zeit versprechen: 1. jährlich eine Prozession (30. Juli) in den Erner Wald zu machen, 2. nie mehr verborgene Tänze zu veranstalten oder zu gestatten, 3. z'Wibervolk keine rote Schürze mehr tragen zu lassen.

Ersteres wird noch gepflegt, letztere zwei Bedingungen mögen wohl in Vergessenheit geraten sein.

Aus: Walliser Sagen, Band II, Brig 1907.

Die Holzkreuze von 1818, die im Aletschji dem Gletscher Einhalt gebieten sollten, stehen weiterhin: das eine an der Baselflie (links), das andere an der Obfliejeregga (rechts). Von den vier bedrohten Hütten, die Hogard gezeichnet hatte (Seite 78), stehen hingegen nur noch zwei: Eine wurde tatsächlich vom Gletscher zerstört, eine weitere abgebaut und an einen neuen Standort verlegt.

Die Prozessionen scheinen also kurzfristig Früchte getragen zu haben. Es folgten Phasen des Rückgangs und des Vorrückens, bis Anfang des 19. Jahrhunderts der Aletschgletscher wieder laut an der Tür klopfte. Um die neuerliche Gefahr zu bannen, errichteten die Natischer diesmal zwei Holzkreuze. Beide stammen aus dem Jahr 1818 und sind bis heute erhalten – das eine befindet sich auf der Baselflie und galt dem Aletschgletscher, das andere steht auf der Obfliejeregga und sollte den Oberaletschgletscher zurückschrecken.

Erneut rückte der Aletschgletscher zurück. Und dann wieder vor, bis er um 1850 seinen neuzeitlichen Höchststand erreichte und dabei eine Alphütte überfuhr. Eine zweite wurde ihm rechtzeitig entrissen, abgebaut und an einen neuen Standort versetzt.

Seither hat sich der Gletscher bekanntlich stark zurückgebildet und bedroht längst keine Weiden mehr. Und so halten die Fieschertaler ihre – nach wie vor jährliche – Prozession seit mehreren Jahrzehnten mit dem gegenteiligen Ansinnen: den Aletschgletscher zum Wachstum zu animieren, damit er als Quelle für die Bewässerung nicht versiege. Nachträglich holten sie das offizielle Einverständnis für die Umkehrung des Gelübdes 2009 bei Papst Benedikt XVI. ein. Von einem Erfolg dieser Bittgänge lässt sich derzeit schwerlich sprechen.

«Unter donnerartigem Getöse werden gewaltige Wassersäulen aus den Gletscherspalten getrieben», schreibt ein Chronist zum vollständigen Ausbruch des Märjelensees im Juli 1873. Der ganze Seeinhalt fliesst dem Gletscher entlang ins Rhonetal ab, und die Eisberge beim See liegen plötzlich auf Grund.

«Erde, Steine und Tannenbäume dabei in die Höhe werfend»

Bisher war von langsam vordringendem Eis die Rede. Doch auch in flüssiger Form wurde der Aletschgletscher den Menschen gefährlich. In erster Linie hing dies mit dem Märjelensee zusammen, der sich früher bei der Märjelenalp am Gletscher staute und oft beträchtliche Ausmasse annahm. Aber auch in natürlichen Kavernen im Innern des Gletschers konnten sich grosse Wassermengen ansammeln. Wenn sich der See oder eine solche Kaverne entleerten, drang das Wasser manchmal rasch bis zur Gletscherzunge vor, löste dort eine Flutwelle aus, die sich über das ganze Rhonetal ausbreitete, und führte zu Überschwemmungen und Verwüstung. Was übrigens keine Seltenheit war: Im 19. Jahrhundert brach der See durchschnittlich alle zwei bis drei Jahre aus.

Der Aargauer Rudolf Meyer, der sich 1812 anlässlich der zweiten Besteigung der Jungfrau längere Zeit beim Märjelensee aufhielt, war ein guter Beobachter. In seinen Notizen lesen wir: «In der Mitte des Aletschgletschers wölbt sich ein Theil desselben in den See, wie im nördlichen Eismeer schwimmen Eishügel umher in dem bläulichen Bade, die vom Gletscher hineinstürzten; den See aber ringsum kleiden grünende Alpen. Er ergiesst einen Waldstrom hinab in's Viescherthal, der zu jeder Stunde wechselnd, bald mehr, bald weniger Wasser führt, indem Gletscherblöcke ihm bald den Ausweg hemmen, und er schneller ausfliesst, wenn diese weggedrängt sind. Bekannt ist auch, dass dieser merkwürdige See zuweilen nach mehreren Jahren auf einmal ausbricht, gewöhnlich nach einem heissen Sommer, und zwar hinten durch, neben dem Aletschgletscher hinab in's Thal stürzt, bis auf's Trockne abfliesst, und im ganzen Wallis verwüstet.»

Gegen solche Naturgefahren, die sich nicht im Rahmen von Jahren oder Jahrzehnten, sondern innert Tagen und Stunden abspielten, konnten die Einwohner weder Prozessionen ausrichten noch Holzkreuze anbringen – zu plötzlich wurden sie von den Ereignissen überfallen. Und so behalfen sie sich mit übernatürlichen Erklärungen. Dazu gehörte die oft (und in mehreren Varianten) erzählte Sage des aufbrausenden Rollibocks. Wenn sich jemand erdreistete, sich über den im Gletscher lebenden Bock lustig zu machen, spuckte dieser wutentbrannt furchterregende Fontänen aus dem Eis und schleuderte Bäume durch die Luft. Manchmal wurde der Rollibock auch direkt für die Überschwemmungen verantwortlich gemacht. Indem sich die Menschen solche Geschichten erzählten, konnten sie die Gefahr zwar nicht bannen, aber immerhin einen Sinn oder zumindest eine Erklärung hinter den Hochwassern erkennen. Und hatten gleich noch zwei Sündenböcke – den Rollibock und jenen, der ihn provozierte.

Der Gletscher wurde in Erzählungen oft als wildes, ungestümes Tier dargestellt – als Rollibock, aber auch als Saurier oder Drachen. Der «Wilderwurm Gletscher», eine Persiflage von Henry George Willink aus dem Jahr 1892, erinnert tatsächlich ein wenig an den heutigen Aletschgletscher (und an seinen Nachbarn, den Fieschergletscher).

Der Rollibock

Zu den ältesten Sagen von Naters gehört die Sage von dem Rollibock. Seine Gestalt war die eines grossen Bockes mit grossen Hörnern und feurigen Augen, und sein ganzer Leib war statt der Haare mit Eisschollen behangen, welche bei seinem stürmischen Laufe ein furchtbares Klingeln verursachten. Mit der Kraft seiner Hörner soll er Land, Steine und Tannen aufgegriffen und in die Luft geschleudert haben. Sein Aufenthaltsort war der Aletschgletscher. Nur selten kam er aus demselben heraus. Wenn aber ein Verwegener sich unterfing, über ihn zu spotten und ihn dadurch herauszufordern, dann brach er plötzlich hervor aus seiner Einöde und sprang so tollkühn über Stock und Stein, dass auch der schnellste Läufer ihm nicht entrinnen konnte. Nur derjenige, der in einer Kapelle oder in ein Haus, wo gesegnete Gegenstände aufbewahrt wurden, sich flüchten konnte, wurde gerettet. Hatten aber seine Hörner ihn vorher gepackt, wurde er zu Staub und Asche zermalmt. [...] Da gab es nun ein Krachen und Eisgeklingel, ein Dröhnen und ein Rauschen, bis nach drei Tagen die Rhoneebene überschwemmt war, und der Rollibock seinen Rachegang vollendet hatte.

Aus: Walliser Sagen, Band II, Brig 1907.

Der amerikanische Bergsteiger und Alpinhistoriker W.A.B. Coolidge konnte am 2. August 1872 einen Ausbruch des Märjelensees beobachten. Er schrieb später: «Der durch den Ausfluss des Wassers verursachte Lärm und das Getümmel waren in der Tat so fürchterlich, dass man ganz gut an die alte Naterser Sage vom ‹Rollibock› hätte glauben können, der – wie die Sennen erzählen – einmal geneckt oder geplagt, rasend aus dem Aletschgletscher hervorbreche und alles zerstörend, wütend herumgehe, Erde, Steine und Tannenbäume dabei in die Höhe werfend.»

Seit einem guten Jahrhundert ist auch diese Bedrohung Geschichte. Mit dem Absinken des Gletschers staut sich der Märjelensee längst nicht mehr so hoch, wie dies einst der Fall war. Gewiss, auch heute noch kann eine Wasserlache auf dem Gletscher unvermittelt zu brodeln beginnen und dann als einige Meter hohe Wasserfontäne emporschiessen. Aber das ist kein wilder Rollibock mehr, sondern bloss noch ein munter spielendes Zicklein. Und sollte es dennoch an der Gletscherzunge zu einem Ausbruch kommen, würde der Gibidum-Stausee das Wasser mühelos auffangen und seelenruhig in Strom für unsere Kochherde und Waschmaschinen verwandeln.

An mehreren Stellen staucht sich der Gletscher und drückt ein Wirrwarr aus Eistürmen heraus. Je länger man hineinblickt, desto mehr meint man, menschliche Figuren und Antlitze zu erkennen – arme, unerlöste Seelen?

Die armen Seelen im Aletschgletscher

Vor alten Zeiten ging einmal ein frommer Pater, der Professor war, mit seinen jungen Schülern in das Aletschtal spazieren, um dessen gewaltigen ausgedehnten Gletscher zu bewundern. Er betrat mit ihnen denselben; aber kaum dass sie ihn betreten hatten, so machte der Pater halt und wollte auch den Studenten nicht erlauben, weiter vorwärts zu gehen. Als er um die Ursache gefragt wurde, soll er ihnen gesagt haben: «Wenn ihr wüsstet, was ich weiss und sehen könntet, was ich sehe, so würdet ihr gewiss keinen Schritt mehr vorwärts tun.» Die Schüler, noch neugieriger, fragten ihn wieder, was er denn sehe. Und er legte einen Finger auf den Mund, als wollte er ihnen Stillschweigen gebieten und sagte mit halblauter Stimme: «Weil der Aletschgletscher voll armer Seelen ist». Da aber einige Schüler darüber ungläubig den Kopf schüttelten, sagte er einem derselben: «Komm hinter meinen Rücken, stelle deinen rechten Fuss auf meinen linken und schaue über meine Achsel auf den Gletscher hinüber!» Da sah dieser voll Entsetzen aus den blauen Gletscherspalten so viele Köpfe armer Seelen emportauchen, dass man keinen Fuss hätte dazwischen setzen können.

Aus: Walliser Sagen, Band II, Brig 1907.

Arme Seelen und ein Gespensterhorn

Die Sicht auf den Gletscher war indes nicht bloss von möglichen Gefahren geprägt. Es gibt keinen Grund zu bezweifeln, dass die Einheimischen – lange vor den Touristen – ein Auge für dessen Schönheit hatten. Und sie sahen im Gletscher, nebst der Bedrohung und der Ästhetik, noch etwas Drittes: Erscheinungen. Wer lange genug eine Spaltenzone oder einen Eisbruch beobachtet, braucht nur wenig Fantasie, um in den aufgereihten Eistürmen erstarrte menschliche Figuren zu erkennen. Und so verdichtete sich diese Wahrnehmung – möglicherweise in einer Mischung aus magischer Vorstellung, Animismus und christlichem Glauben – zu einem schauerlichen Schluss: Dass im Eis verstorbene Menschen fortlebten. Dies erzählen uns im Wesentlichen jene Sagen, die Gletscher als Gefängnisse armer, unerlöster Seelen verstehen, und die im ganzen Wallis verbreitet waren.

Die unscheinbare Firnkuppe zwischen dem spitzen Kranzberg und dem gebänderten Rottalhorn hiess zwischen 1913 und 1939 amtlich Gespensterhorn.

Rechte Seite: Rätselhaft ist auch der Ursprung des Flurnamens Aletsch; es darf aber vermutet werden, dass der Gletscher den Namen von der Sommersiedlung Aletschji erhielt – und nicht etwa umgekehrt.

Dass sich das Aletschgebiet noch lange als verbriefter Rückzugsort von Spukgestalten erhalten konnte, war allerdings das Verdienst der angrenzenden Berner. Da die Leute aus Lauterbrunnen im abgeschiedenen Rottal Gespenster vermuteten – die dort in verschlossenen Gefässen in Fels- und Eisschründen verbannt waren –, erhielt ein Gipfel südlich der Jungfrau den informellen Namen Gespensterhorn. Der Redaktor des Jahrbuchs des Schweizer Alpen-Clubs konnte dem wenig abgewinnen, wie er 1902 in einer Fussnote bemerkte: «Der Name ist von dem ersten Besteiger gegeben, weil der Gipfel das ‹gespenstige› Rottal überschaut; hat aber keine Aussicht, vom Eidgenössischen topographischen Bureau adoptiert zu werden, und muss sich damit begnügen, eine Zeitlang in der Literatur zu ‹spucken›.» Ob der Gipfel jemals spu(c)kte, wurde nie genauer untersucht. Chancenlos war der Bergname aber nicht: Ab dem gleichen Jahr 1902 fand das Gespensterhorn in mehreren Hochgebirgsführern durchaus wohlwollende Aufnahme. 1913 übernahm selbst das Eidgenössische topographische Bureau die Bezeichnung und führte sie amtlich ein. Erst 1939 verschwand das Gespensterhorn wieder aus der Landeskarte – völlig spurlos, wie es sich für ein Gespenst geziemt. Seither heisst die Schneekuppe Lauihorn oder Louwihorn.

Im gleichen Jahr 1939 brachte die Landeskarte dafür eine andere rätselhafte Erscheinung ins Spiel: die Sphinx. War dieser Fels beim Jungfraujoch womöglich eine Wiedergeburt des eben aufklärerisch getilgten Gespensts? Nicht ganz, denn der Name geisterte damals schon seit mindestens 30 Jahren in der Literatur herum. Woher er kam, wer ihn erfand und weshalb, bleibt allerdigs ein Mysterium. Nicht umsonst heisst sie ja Sphinx.

Und die übrigen Bergnamen im Aletschgebiet? Bezeichnungen wie Gletscherhorn, Grünhorn, Dreieckhorn, Rottalhorn oder Faulberg lassen sich leicht nachvollziehen, ebenso Wannenhorn oder Fiescherhörner. Mönch und Jungfrau müssen uns die Berner aber erklären. Müssten. Denn wie die Walliser nicht mehr wissen, was der Flurname Aletsch bedeuten soll, haben auch die Berner vergessen, warum sie die zwei markanten Berge rechts des Eigers so tauften – auch diese Frage konnte nie restlos geklärt werden.

Auf dem Weg zum Konkordiaplatz.

DIE ENTDECKUNG

Eine Alpinistin frühmorgens beim Konkordiaplatz. Die ersten Bergsteiger interessierten sich vornehmlich für die Jungfrau, den ersten Gipfel links der Lichter des Jungfraujochs.

DAS LETZTE GROSSE RÄTSEL DER SCHWEIZ – EINE EISWÜSTE WIRD ENTDECKT

Wie wir im vorangehenden Kapitel gesehen haben, war der untere Teil des Aletschgletschers den Einheimischen schon im Mittelalter vertraut. Waren sie aber auf dem Eis auch weiter vorgedrungen? Seit Jahrhunderten wurde dies vermutet oder gar für erwiesen gehalten, meist aufgrund von Erzählungen und indirekten Hinweisen. So soll einst ein Übergang von Fiesch – möglicherweise via Konkordiaplatz und Mönchsjoch – nach Grindelwald existiert haben, der im 16. Jahrhundert oft begangen worden sei. Gewisse Quellen sprechen gar von einem ausgebauten Saumweg, was aus heutiger Sicht doch sehr abenteuerlich anmutet.

Aus dem Jahr 1712 ist eine Überschreitung durch drei junge Grindelwaldner überliefert, die den Weg unter grössten Mühen geschafft haben sollen. Konkret ist ein Hinweis des Glaziologie-Pioniers Ignaz Venetz: Demnach hätten Schmuggler zur Zeit, als das Wallis zu Frankreich gehörte – also zwischen 1810 und 1813 –, die Route über die Gletscher nach Grindelwald mehrmals versucht, «même avec des cordes», aber ohne Erfolg. Aufschlussreich ist dabei nicht, dass sie scheiterten, sondern dass sie es überhaupt wagten: Offenbar schien ihnen das Vorhaben nicht a priori aussichtslos. All dies beweist natürlich nichts. Es lässt jedoch die Vermutung zu, dass die höheren Gletscherregionen im Aletschgebiet noch vor dem Auftreten der «Alpinisten» Besuch erhalten haben. Denn so viel ist sicher: Der Aletschgletscher liess sich schon damals ohne besondere Schwierigkeiten bis weit hinauf betreten. Die Frage ist also nicht, ob die Einheimischen dazu in der Lage gewesen wären, sondern ob sie einen Grund dafür hatten. Wir wissen es nicht, und zwar ganz einfach deshalb, weil sie ihre Erlebnisse nicht schriftlich festgehalten haben.

Besuch aus dem Elsass

Jedenfalls bleibt das Aletschgebiet lange Zeit ein Mysterium, von dem man bestenfalls eine vage Vermutung hat. Der Genfer Marc-Théodore Bourrit, einer der besten Gletscherkenner seiner Zeit, notiert in seiner «Description des Alpes Pennines et Rhetiennes» anno 1781 zu den Bergen oberhalb Naters, ziemlich unzutreffend: «... les montagnes du nord de la vallée sont les plus élevées des Alpes Suisses.» Und Johann Gottfried Ebel, Autor des frühen Reiseführers «Anleitung auf die nützlichste und genussvollste Art die Schweitz zu bereisen», versichert noch in der 1810er-Ausgabe seines Werks beim Stichwort Aletschregion: «... ist ganz unbesucht und unbekannt.»

So unbekannt ist das Gebiet zu dieser Zeit aber nicht mehr. Einer, der sich dort bereits auskennt, sogar wissenschaftlich, ist Johann Heinrich Weiss (1758–1826). Im Rahmen einer kartografischen Expedition um 1796 überschreitet der Topograf aus Strassburg mit seinem Tross, von der Grimsel kommend, das Oberaarjoch und steigt anschliessend nach Fiesch ab – vermutlich via Grünhornlücke, Konkordiaplatz und Grossen Aletschgletscher, «weil der untere Teil des Fieschergletschers seit langem unpassierbar ist», so der amerikanisch-britisch-schweizerische Bergsteiger und Alpinhistoriker William Augustus Brevoort Coolidge.

Weiss, pflichtbewusster Ingenieur und vielleicht auch leidenschaftlicher Alpinist, ist aus beruflichem Anlass unterwegs, soll er doch die Grundlagen für eine Schweizer Karte und ein naturgetreues Relief liefern – im Auftrag von Johann Rudolf Meyer (1739–1813), einem schillernden, reichen Seidenbandfabrikanten aus Aarau.

Rechte Seite: Nachgestellte Bilder der ersten Besteigung eines Schweizer Viertausenders: links eine Aufstiegsszene aus dem Film «1811–1986: 175 Jahre Alpinismus in der Schweiz» von Viktor Wyss; rechts die Ankunft auf dem Gipfel in einem Wandgemälde des «Erlebnisrundgangs» auf dem Jungfraujoch.

Die einzige Schilderung, die uns von dieser Aletsch-Expedition erhalten ist, stammt von zwei Söhnen Meyers: «Es mögen nun etwa fünfzehn Jahre sein, als der Ingenieur Hr. J.H. Weiss, welcher für unsern Vater die Messungen zum Behuf des Atlasses und des Reliefs von der Schweiz machte, vom Ober-Aargletscher nach dem Vieschergletscher vordrang. Es geschah mit den unglaublichsten Gefahren des Lebens. Er musste sich mit seinen Begleitern in die tiefen Eisschründe hinunterlassen, und dann sich wieder in denselben einen Ausweg suchen oder bahnen. Er musste in den Spalten und Klüften des ewigen Eises übernachten, und was verbrennbar mitgeführt ward, anzünden, um der erstarrenden Kalte zu wehren.»

Meyers zum Ersten

Die beiden erwähnten Söhne Meyers, Hieronymus (1769–1844) und Johann Rudolf (1768–1825), wissen nicht nur um Weiss' Gletschererlebnis, sondern schreiben auch selbst Geschichte – anno 1811, mit einer epochalen Tour ins Aletschgebirge.

«Schon seit mehrern Jahren lag es in unserm Sinn, das Hochgebirge zwischen dem Bernischen Oberlande – den Thälern von Lauterbrunnen, Grindelwald, Hasli u.s.w. – und dem Wallis genauer zu erforschen; theils den Zusammenhang jener ungeheuern ewigen Eisfelder zu erkennen, theils zu erfahren, ob die bekannten höchsten Berggipfel, welche aus ihnen hervorragen, ersteigbar wären. Die anhaltende warme, trockene Witterung des Sommers von 1811 war für Gletscherreisen viel zu günstig und einladend, als dass wir uns nicht von unsern Geschäften für einige Tage hätten losreissen sollen, um sie diesem Unternehmen zu widmen. Zwar machten wir sogleich den Gipfel des Jungfraugebirgs zum Ziel unserer Reise; da wir aber selbst an der Möglichkeit zu zweifeln Ursache hatten, diesen steilen Eisthurm in einer noch nie von Sterblichen besuchten Gegend zu ersteigen, liessen wir die mathematischen und physikalischen Werkzeuge zurück, welche man sonst gern zu Beobachtungen auf die Höhen mitzunehmen pflegt; aus billiger Furcht, uns eben durch diese vielleicht an den äussersten Wagestücken hindern zu lassen.»

Die treibenden Kräfte der epochalen Expedition von 1811: die Aarauer Hieronymus (links) und Johann Rudolf Meyer.

Am 29. Juli 1811 verlassen sie Aarau und fahren via Entlebuch und die Grimsel ins Wallis, «mit der Hoffnung, dort, von Naters aus, über die Alpen und den Aletschgletscher in das Innere des grossen Eismeers vorzudringen.» Begleitet von drei Hausangestellten aus Aarau und dem Bauern Kaspar Huber von Guttannen, der als Träger dient, gelangen sie unter Führung von Einheimischen – vermutlich via Belalp, Oberaletschgletscher und Beichpass – ins hintere Lötschental. Dort heuern sie Alois Volken (1783–1814) und Joseph Bortis an, zwei Gämsjäger aus Fiesch und Älpler auf Märjelen.

«Zu unserm Gepäck gehörte auch eine neue Leiter, ungefähr zwanzig Schuh lang, die bequem auseinander genommen werden konnte; und Seile von hundert Schuh Länge.» Am 1. August steigen sie in vier Stunden zur Lötschenlücke auf und blicken erstmals ins obere Aletschgebiet: «Nun lag die einförmige Winterwelt des Gletschers vor uns ausgespannt mit seinen blendenden Massen.» Auf der Passhöhe schicken sie die drei Diener zurück, «die des Bergsteigens und der Gletscher ungewohnt waren, und allzuviel Ängstlichkeit verriethen», und dringen bis zum Fuss des Kranzbergs vor. Während der Berner mit dem Gepäck dort bleibt, erkunden sie in getrennten Gruppen – je ein Aargauer und ein Walliser – die Gegend, um die schwer zu bestimmende Jungfrau auszumachen, was ihnen schliesslich gelingt. Es folgt ein Biwak am Kranzberg: «Über Steine, die wir, so gut es ging, an den Seiten aufthürmten, legten wir unsere Alpenstöcke; darüber breiteten wir ein grosses schwarzes Linnentuch, welches wir mitgenommen hatten, und das uns zur Fahne auf dem Jungfraugipfel dienen sollte, wenn es uns gelänge, ihn zu erglimmen. Die darüber ausgefalteten Mäntel vollendeten das Dach. Neben dieser Hütte liessen wir ein erwärmendes Feuer auflodern. Der Abend und die Nacht waren kühl, aber nicht so kalt, als wir besorgten. Wir schichteten uns, so gut es ging, neben und über einander, um uns gegenseitig zu erwärmen.»

Am nächsten Tag brechen sie auf, um über den zerklüfteten Jungfraufirn an Höhe zu gewinnen. Doch am Fuss der Jungfrau setzen Föhn und Regen ein, der Schnee wird weich und lässt sie tief einsinken. Da die Schneebrücken über den Spalten nachgeben könnten, kehren sie vorsichtshalber zum Biwakplatz zurück. Als sich das Wetter wieder bessert, erforschen sie die nähere Umgebung und gelangen zur Erkenntnis: «Wir können daher mit Zuverlässigkeit sagen, dass alle diese Eisthäler gangbar sind, dass man ohne die mindeste Gefahr mehrere Wochen auf diesem Eismeer zubrin-

Rechte Seite: «Nun lag die einförmige Winterwelt des Gletschers vor uns ausgespannt mit seinen blendenden Massen»: So erlebten die Gebrüder Meyer und ihre Führer Volken und Bortis im Sommer 1811 die Aussicht von der Lötschenlücke Richtung Konkordiaplatz. Daran hat sich auch zwei Jahrhunderte später nichts geändert.

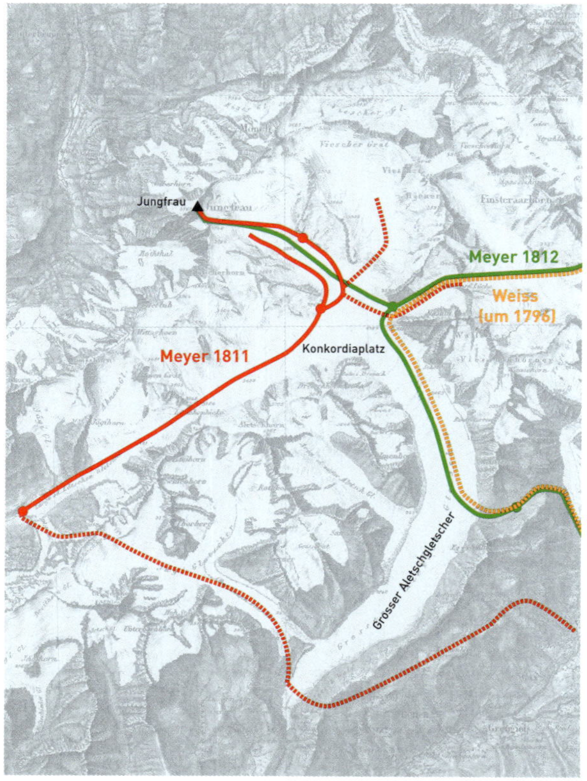

Um **1796** traversiert Johann Heinrich Weiss mit seinen Begleitern von der Grimsel nach Fiesch – vermutlich (daher gestrichelt eingezeichnet) via Grünhornlücke, Konkordiaplatz und Grossen Aletschgletscher. **1811** erreicht die erste Meyer-Expedition von Fiesch – möglicherweise via Oberaletsch und Beichpass – das hintere Lötschental, um dann über die Lötschenlücke ins Aletschgebiet zu gelangen. Dort erkunden sie die Umgebung des Konkordiaplatzes (vielleicht auch die unteren Abschnitte von Grüneggfirn und Ewigschneefäld) und besteigen als Erste die Jungfrau. **1812** folgt eine zweite Meyer-Expedition: Von der Grimsel kommend, erwandern die Teilnehmer mehrmals den Grossen Aletschgletscher, einige schaffen die Zweitbesteigung der Jungfrau.

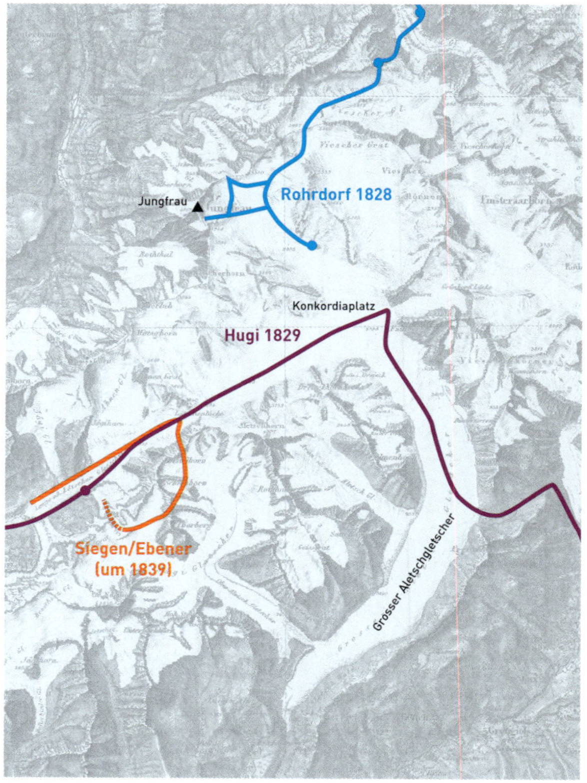

1828 steigt Hans Caspar Rohrdorf mit seinen Führern von Grindelwald via Ischmeer und Oberes Mönchsjoch zum Jungfraufirn auf. Zehn Tage später wiederholen Rohrdorfs Führer den Aufstieg und vollbringen die Drittbesteigung der Jungfrau. **1829** wandert Franz Josef Hugi mit zahlreichen Begleitern in 16 Stunden vom hinteren Lötschental über den Konkordiaplatz und den Märjelensee bis nach Fiesch. Um **1839** überschreiten die Lötschentaler Johann Siegen und Joseph Ebener vom Langgletscher her die Sattellücke und kehren vermutlich via Beichgrat zurück – die ersten verbrieften Menschen im obersten Oberaletschkessel.

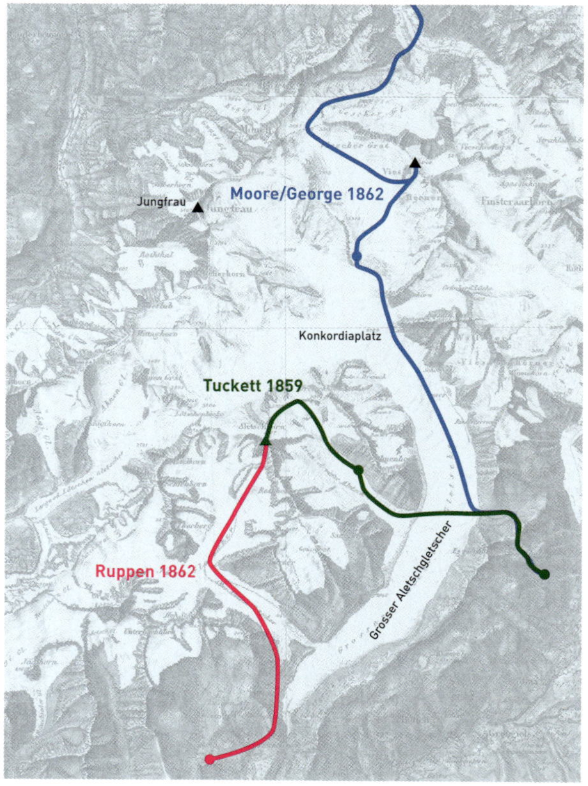

1859 dringen Francis Fox Tuckett und seine Führer Johann Joseph Benet, Peter Bohren und Victor Tairraz als Erste ins Mittelaletschgebiet ein – und besteigen dabei das Aletschhorn. **1862** steigen Emanuel Ruppen, Präsident von Blatten, und die Älpler von Blatten, Moritz Jossen und Anton Eggel, in einem Tag von der Belalp aufs Aletschhorn und zurück: Sie sind die ersten aktenkundigen Besucher des mittleren Abschnitts am Oberaletschgletscher. Ebenfalls **1862** erhält auch das Ewigschneefäld die erste verbriefte Aufwartung: von Adolphus Warburton Moore, Hereford Brooke George, Christian Almer und Ulrich Kaufmann auf ihrem Weg zum Grossen Fiescherhorn.

Ausschnitt aus der «Karte zur Reise auf die Eisgebirge des Kantons Bern mit den Reiserouten der Herren Meyer aus Aarau in den Jahren 1811 und 1812». Vieles darin ist richtig eingezeichnet, doch die Route von 1811 auf die Jungfrau – von Südwesten her – wirft Fragen auf. Fraglos falsch ist indes die Zuordnung der Eisgebirge zum Kanton Bern.

gen kann». Dann errichten sie ein neues Nachtlager, näher bei der Jungfrau.

«Wie der Morgen des dritten Augusts erschien, brachen wir auf. Die ersten Sonnenstrahlen rötheten noch kaum die Felsen der nahe vor uns schwebenden Jungfrau. Unsern Gefährten aus Guttannen schickten wir zurück zu den höchsten Lötschenthaler Alpen, woher man für uns schon Holz, Milch und Lebensmittel auf den untern Gletscher bereit hielt. Wir gaben ihm Befehl, uns mit den Vorräthen in dem untern, oder ersten Nachtlager zu erwarten.» Die nun eingeschlagene Route ist aus dem teilweise widersprüchlichen Text nicht eindeutig zu eruieren. Ob die vier über die heutige Normalroute von Osten aufsteigen oder von Südwesten, über das Rottalhorn, bleibt somit ungeklärt. Sicher ist, dass sie nach Überwindung mehrerer heikler Stellen und schmaler Gratpassagen etwas nach 14 Uhr den Gipfel der Jungfrau erreichen. «Als Wahrzeichen unsers Hiergewesenseins befestigten wir das oben erwähnte schwarze Linnentuch, ungefähr vier Schuh lang und breit, als Fahne, mit Nägeln an den obern Theil der einen Stange von unserer Leiter, und steckten das untere Ende bei sieben Schuh tief in den Schnee ein. (...) Möge sie inzwischen dastehn, und einst, wenn gleich halb verwittert, doch freundlich denenjenigen entgegen wehen, die nach uns kommen, diesen vorher seit der Schöpfung nie erstiegenen Eisthurm zu betreten.» Eine halbe Stunde verbringen sie auf dem Gipfel; dann steigen sie ab, teilweise rückwärts kletternd, gelangen so zum oberen Nachtlager und weiter zum ersten Biwak – wo Huber bereits ein Feuer vorbereitet hat, und wo sie nochmals nächtigen. Die Müdigkeit zeigt sich deutlich beim Einschlafen: «Die Anstrengungen, welche wir den Tag über gehabt, betteten uns auf hartem Felsen weich.»

Am 4. August schliesslich kehren sie über die Lötschenlücke zurück. «Auf der Lötschenalp verabschiedeten wir unsere braven Gemsjäger, die mit herzlichem Händedruck versicherten, sie würden uns auch künftiges Jahr, wohin wir wollten, begleiten. Dann gingen wir in der Höhe, längs dem Schnee, über die Alpen hin, bis hinab nach Viesch. Von da über die Grimsel, wo wir unsern ehrlichen Begleiter aus Guttannen in seinem einsamen Bergdörflein heil und gesund absetzten, und dem schönen Aargau wieder zueilten.»

Was als hübsche Geschichte daherkommt, schlicht erzählt und ohne jeglichen Anflug von Selbstbeweihräucherung, ist nichts weniger als die erste Besteigung eines Schweizer Viertausenders, sozusagen die Geburtsstunde des Höhenalpinismus hierzulande – und zugleich die erste belegte Erkundung des oberen Aletschgebiets. Sie wird selbst im Ausland unmittelbar wahrgenommen: Das Pariser «Journal de l'Empire» etwa widmet mehr als eine halbe Zeitungsseite der interessanten Reise «au sommet de la montagne dite Jungfrau-Horn (la Vierge)» durch die «frères Meyer, d'Arau».

Meyers zum Zweiten

«Es ist unser Vorhaben, im nächsten Jahr, mit allen erforderlichen Werkzeugen und Apparaten versehn, jene Höhen, und dann wahrscheinlich das finstere Aarhorn zu ersteigen», so der letzte Absatz im Erzählbericht von 1811. Und so kühn die Ansage, so erstaunlich ihre Umsetzung. 1812 ist erneut eine Meyer-Ex-

Die Ankunft auf der Jungfrau war für viele Alpinisten die Krönung eines Aletschbesuchs. Sowohl auf der vermutlich ältesten Gipfelfotografie (1878, von Jules Beck) wie auf der wohl ältesten Gipfelzeichnung (1841, von Édouard Desor) ist eine Flagge zu sehen – bereits die Erstbesteiger von 1811 hatten eine solche aufgestellt.

pedition im Gebiet unterwegs, diesmal für längere Zeit. Wieder sind die Walliser Führer dabei, und nun auch die Söhne Johann Rudolfs. Von der Grimsel gelangt der Tross zum Fuss des Finsteraarhorns, das Volken, Bortis und der Berner Arnold Abbühl am 16. August besteigen; dann zieht ein Teil der Karawane weiter über die Grünhornlücke und den Aletschgletscher zur Märjelenalp, wo sie wetterbedingt eine knappe Woche festsitzen. Am 24. August steigen sie über den Gletscher wieder zum Fuss der Grünegg hinauf und stossen auf die übrigen Teilnehmer der Expedition. Am «grünen Horn» wird eine Unterkunft erbaut, in welcher sie drei Nächte zubringen, um von dort aus nochmals die Jungfrau zu besteigen, was aber nicht gelingen will. Dann kehren alle zur Märjelenalp zurück, wo sie wiederum eine Woche warten. Ein Teil der Gruppe steigt ins Tal ab, nur der 19-jährige Gottlieb Meyer harrt mit Volken und Bortis aus. Am 3. September schliesslich schaffen es die drei – der Sohn des Erstbesteigers und dessen Führer – auf die Jungfrau. Tags darauf vereitelt schlechtes Wetter die Besteigung des Mönchs, dann kehren auch sie zurück zur Märjelenalp und ins Tal.

Zwei gross angelegte Erkundungen des Aletschgebiets, die erste und zweite Besteigung der Jungfrau, dazwischen auch noch die erste des Finsteraarhorns: eine überaus spektakuläre Ausbeute, mit grösster Leichtigkeit und Unbekümmertheit durchgeführt – zu einer Zeit, als Alpinismus noch ein Fremdwort, das Aletschgebiet weitgehend unbekannt war und sich kein Mensch zuvor auf einen Schweizer Viertausender getraut hatte. Nicht erstaunlich also, dass W.A.B. Coolidge, die Koryphäe unter den Alpinhistorikern, zum eindeutigen Schluss kam: «Die Meyers verschwanden dann von der Bühne, doch was sie 1811–12 unternahmen, reicht bei Weitem, um ihnen einen vorderen Platz unter den frühen Entdeckern der Alpen zu sichern.»

Rohrdorfs Skizze verrät, dass Holzleitern für eine Besteigung der Jungfrau (1.) damals zur Grundausrüstung gehörten. Die meisten Alpinisten, die heute auf seinen Spuren wandeln – im Bild (rechte Seite) das Obere Ischmeer –, sind eher mit Latten als mit Leitern unterwegs.

Der Zugang von Norden

Nach den Expeditionen der Familie Meyer bleibt es längere Zeit ruhig. Erst 1828 erhält das Gebiet wieder Besuch, diesmal von Norden. Denn der Zürcher Tierarzt Hans Caspar Rohrdorf möchte herausfinden, ob sich das Aletschgebiet auch von Grindelwald erreichen lässt. Dazu erkundet er mit einem Dutzend einheimischen Führern und Trägern die Gegend des Unteren Grindelwaldgletschers und findet am 27. August einen Weg durch das – damals noch relativ sanfte – Obere Ischmeer zum Unteren Mönchsjoch. Nach einem Abstecher zum Jungfraujoch beschliesst Rohrdorf, trotz fehlenden Biwakmaterials, (das die Führer gegen seinen Willen auf dem Ischmeer zurückgelassen haben), beim Trugberg zu übernachten. Am Folgetag schickt er seine Führer los: Sie sollen die Möglichkeit einer Besteigung der Jungfrau prüfen. Was nur teilweise gelingt, denn wegen starken Windes und der vorgerückten Zeit muss die Gruppe etwa beim Rottalsattel umkehren, worauf die Expedition wieder nach Grindelwald absteigt.

Rohrdorf lässt sich nicht entmutigen und sieht einen erneuten Versuch vor. Zuerst muss er für ein paar Tage nach Bern – mit der festen Absicht, sogleich wieder ins Oberland zu reisen und mit seinen Führern auf die Jungfrau zu steigen, wofür er ihnen auch einen Geldvorschuss leistet. Doch am 8. September verlassen sieben der Führer klammheimlich Grindelwald und machen sich ohne Rohrdorf, dafür mit seiner Ausrüstung, auf den Weg. Zwei Tage später erreichen sie den Jungfraugipfel, fertigen mit einem mitgebrachten Bohrer ein knapp metertiefes Loch im Eis an und stecken die mitgeführte, 18 Kilogramm schwere Metallfahne ein.

Statt sich über seine arglistigen Führer auszulassen, stellt Rohrdorf in seinem Reisebericht die gewonnene Erkenntnis in den Vordergrund: Dass sich die Aletschregion nicht nur von Süden, Osten und Westen erreichen lässt, wie Weiss und die Meyers bewiesen hatten, sondern auch von Norden, aus dem Berner Oberland. Und zwar ohne grössere Schwierigkeiten: «Es ist nun durch meine Unternehmung bewiesen, dass (...) man alle, auch die für unzugänglich gehaltenen Höhen unserer Gletscher-Berge mit Einsicht und den nöthigen Geräthschaften besteigen kann, auch die Nachrede ist gehoben, dass mitten in einem so kultivirten Lande wie die Schweiz, noch grosse Stellen Landes unbetreten geblieben seyen.»

Damit steht der Aletschgletscher künftigen Besuchern definitiv aus allen Himmelsrichtungen offen.

«WO IST JETZT DIE JUNGFRAU?»

Ein Blick auf die Landkarte reicht, und schon haben wir eine klare Vorstellung eines Gebirges. Die Karte verrät uns, wie die Täler verlaufen und miteinander verbunden sind, wo die Gipfel liegen und wie sie heissen, in welche Himmelsrichtungen die Grate führen, ob sie felsig sind oder aus Firn bestehen. Sie zeigt uns die Umrisse der Gletscher, deren Spaltenzonen und Steilstufen. Da und dort sind – selbst auf dem Eis – Wegspuren eingezeichnet, die uns den Weg weisen.

Karten werden heute aufgrund von Flugaufnahmen erstellt. Früher jedoch waren Begehungen zu Fuss nötig, um eine Landschaft zu vermessen und zu zeichnen. In vielen Fällen liess sich ein Gebiet zwar von der gegenüberliegenden Talseite erfassen. Stark verwinkelte oder in sich geschlossene Hochtäler, die von aussen nicht vollständig einsehbar sind, erforderten jedoch zwingend einen Besuch vor Ort – im Hochgebirge nicht immer ein leichtes Unterfangen.

Trotz dieser Schwierigkeiten konnten die Geografen bis Ende des 18. Jahrhunderts das Gefüge der Alpen weitgehend stimmig entschlüsseln. Da und dort blieb aber ein Rätsel übrig. Das grösste Fragezeichen in der Schweiz hiess Aletschgebiet: ein riesiger weisser Fleck, auf den Karten verzerrt abgebildet, meist sogar frei erfunden.

Der Erste, der den «Aletzh Gletscher» auf eine Karte setzte, war 1682 der Gelehrte Anton Lambien (1627–1683). Da er aus dem nahen Brig stammte, erstaunt sein diesbezügliches Wissen kaum. Doch war die Kunst der Kartendarstellung damals noch zu rudimentär, als er den Gletscher sinnvoll hätte einzeichnen können. In der Folge tauchte der Gletscher in vielen Karten auf, wenn auch bloss als Flurname. Der Appenzeller Gabriel Walser zeichnete ihn im Jahr 1768 als schattierte Fläche mit ungefährem Umriss, daneben, stellvertretend für alle Gipfel um das Aletschhorn, der Name «Antonier Berg» und dahinter die Schrift «Hier sind lauter Schnee und Eisberge».

Ausschnitt aus der Walliser Karte von Anton Lambien (1682). Unter der Beschriftung «Aletzh Gletscher» sieht man ein stilisiertes Eisfeld und dessen Abfluss, der richtigerweise Massa heisst – aber fälschlicherweise durch das Blindtal führt (links).

Detail aus der Walliser Karte von Gabriel Walser (1768). Der Gletscher ist nun länglicher, der Fehler von Lambien aber geblieben. Beide Karten wären für alpinistische Zwecke unbrauchbar; Alpinisten gab es damals aber sowieso noch keine (rechts).

Ausschnitt aus dem Blatt 10 des Atlas Suisse von Johann Heinrich Weiss (1797). Im Bereich des Aletschgletschers ist die Karte wesentlich präziser als ein Probeblatt, das Weiss ein Jahr zuvor publiziert hatte. Die Verbesserung ist kein Zufall: In der Zwischenzeit hatte Weiss die Gegend persönlich erkundet.

Als Wendepunkt gilt die topografische Darstellung von Johann Heinrich Weiss, der im Auftrag von Johann Rudolf Meyer senior kurz vor 1800 das Aletschgebiet besuchte. Was sie gemeinsam schufen, der eine als Macher, der andere als Financier, erwies sich als Meilenstein der helvetischen Kartografie: Die 16 Blätter im Massstab 1:120 000 des «Atlas Suisse» – auch «Meyer-Weiss-Atlas» genannt – gelten als erstes modernes, umfassendes Kartenwerk der Schweiz und als die bis dahin präziseste Abbildung der Schweizer Alpen. Das unsere Region betreffende Kartenblatt erschien 1797 und überraschte die Fachwelt: «Man erstaunt über den grossen Raum, den das obere Wallis in der Breite einnimmt, und über die vorher kaum geahnete Ausdehnung des grossen Aletsch-Gletschers und der ihn umgebenden Gebirge», resümierte die damalige «Monatliche Correspondenz zur Beförderung der Erd- und Himmelskunde».

Mit der Weiss'schen Karte hatten die Bergsteiger nun ein gutes Instrument zur Hand, das die Landschaft weitgehend getreu darstellte. Aber offenbar wussten nicht alle damit umzugehen. Besonders schwierig fiel den Besuchern des Aletschgletschers die Bestimmung der Jungfrau, die doch völlig richtig eingezeichnet war. Die Gebrüder Meyer fanden 1811 etwa: «Unter der Menge von Gebirgshörnern, welche aus den Tiefen hervorragten, konnten wir dasjenige der Jungfrau

«Wo ist jetzt die Jungfrau?» 1925, als diese Ansichtskarte verschickt wurde, war die Antwort längst klar. Nicht zuletzt dank der amtlichen Dufourkarte, deren Erstausgabe von 1854 sämtliche Zweifel endgültig ausräumte.

nicht wiedererkennen; selbst nicht beim ersten Blick unterscheiden, welcher von diesen mehrere Tausend Fuss hohen Berggipfeln der höchste sei.» Auch Rohrdorf kämpfte 1828 mit der Topografie: «Wir staunten eine Weile; wo ist jetzt die Jungfrau? fragte ich den Roth, das weiss ich nicht, anwortete er, und ich eben so wenig, sagte ich.» Ähnlich erging es der Expedition von Agassiz & Co. 1841, wie deren Teilnehmer Édouard Desor notierte: «In der Zwischenzeit war unter den Führern eine Diskussion entbrannt bezüglich der Identität der Jungfrau. Der Walliser Führer behauptete, es sei der Gipfel, den wir zu unserer Rechten sahen,

Der Trugberg, von Süden gesehen. Er wird von Ewigschneefäld und Jungfraufirn umflossen und befindet sich einen ganzen Kamm östlich der Jungfrau. Im Rampenlicht steht er selten.

‹es war jedenfalls der Berg, sagte er, den sie Frauelihorn nannten› (wie die Walliser der Jungfrau sagen); die anderen, so auch Jakob [Leuthold], behaupteten hingegen, dass es der höchste der gestaffelten Gipfel zu unserer Linken sei; doch da ich den Anschein gegeben hatte, die Meinung des Wallisers zu teilen, fühlte sich Jakob dermassen gekränkt, dass er sich stark erboste. Er warf sein Gepäck vor meine Füsse und beteuerte, an seinen Bergkenntnissen zu zweifeln wäre ein Affront, denn obwohl er nie auf der Jungfrau gewesen sei, kenne er diese nicht desto weniger; und dass er uns auf der Stelle verlassen würde, falls es um diesen hässlichen Berg zur Rechten ginge. Auf einen Vorschlag von Agassiz hin wurde entschieden, Jakob zu folgen, egal wohin er uns geführt hätte. Tatsächlich sahen wir kurz darauf, dass er sich nicht getäuscht hatte. Die Spitze, die uns der Walliser vorgeschlagen hatte, und der wir aufgrund der Verirrung, in die sie uns fast geführt hätte, den Namen Trugberg verliehen, ist ein weniger hoher Berg, liegt südlich des Mönchs und gehört zum Grünhornmassiv ...»

Später entstanden mit der Dufourkarte (1:100 000, ab 1854), der Siegfriedkarte (1:50 000, ab 1872) und der Landeskarte (1:50 000, ab 1939; 1:25 000, ab 1974) noch wesentlich genauere Orientierungsmittel. Und dennoch fragt sich mancher ortsunkundige Bergsteiger in der Konkordiahütte bis heute, welche denn nun die Jungfrau sei. So auf den ersten Blick erkennbar – wie ein Matterhorn in Zermatt oder ein Eiger in Grindelwald – ist sie tatsächlich nicht.

«In welche Richtung man auch schaut, sieht man stets eine grossartige Allee.»

Zwei Perspektiven auf den Konkordiaplatz: einmal aus 4500 Metern Höhe knapp südlich des Trugbergs, in einer undatierten Flugaufnahme von Walter Mittelholzer; und einmal 2014, von der Konkordiahütte aus.

«THE PLACE DE LA CONCORDE OF NATURE»

Zur Erforschung gehörte auch, allen Bergen, Pässen und Gletschern einen Namen zu verpassen. Denn die Geografen wollten ihre schönen Karten mit Flurnamen versehen, selbst wenn diese frei erfunden waren; und die Alpinisten brauchten eine klare und feinmaschige Nomenklatur für ihre Tourenberichte und Routenbeschreibungen. Den wohl glücklichsten Namen im Aletschgebiet trägt aber nicht ein Berg, sondern eine ebene Fläche. Die Idee dazu hatte der englische Reverend John Frederick Hardy, der 1857 auf dem Weg zum Finsteraarhorn dort übernachtete und sich, obwohl in Cambridge lehrend, an Paris erinnert fühlte. Sein Text verdient es, ausführlich zitiert zu werden:

«Der Standort, den wir nun erreicht hatten, überblickt eine der grossartigsten Aussichten des ganzen Alpenbogens. Von hier schaut der Betrachter auf ein riesiges Meer aus Eis hinab, den Zusammenfluss von drei Gletscherströmen, die sich an dieser Stelle vereinen und ihre gefrorenen Wasser über den gewaltigen Boulevard ergiessen, den wir am Vortag beschritten hatten. Es ist die Place de la Concorde der Natur; in welche Richtung man auch schaut, sieht man stets eine grossartige Allee und eine hoch aufragende Kuppe. Dreh dich nach Südwesten, und zwischen den äussersten Graten der Ebnefluh und des Aletschhorns stürzt ein Zweig des Lötschengletschers auf dich zu, mit den Zinnen des Mittaghorns und des Grosshorns im Hintergrund. Wende dich halb nach rechts, und die Wellen des mächtigsten aller Ströme kommen dir entgegen, jene des Grossen Aletsch, genährt von den ewigen Firnen der Jungfrau und des Mönchs, dessen Kapuze von den nahen Klippen des Trugbergs verdeckt ist, während die makellose Jungfrau mit ihrer königlichen Schönheit jedes Auge blendet, sobald sie ihr Antlitz erhebt, um den reinen Gruss ihrer schwesterlichen Regentin im Himmel zu empfangen. Wenn dich die Szenerie noch nicht vollkommen in ihren Bann gezogen hat, lass dich auf deinen Absätzen um ein weiteres Viertel drehen, und du wirst nach Nordosten schauen, entlang einer weiteren Avenue aus Eis, die zwischen den Felsen des Grünhorns und den nördlichen Ausläufern der Walliser Fiescherhörner in eine Richtung weist – sollen wir sie Pracht nennen, oder Finsteraarhorn? Jene grosse Felsflanke, fast vollständig mit Schnee bedeckt, die wir im Hintergrund sehen, ist der Strahlgrat, und wenn auch nicht das Finsteraarhorn, gehört sie doch dazu; und in drei Stunden, sofern alles klappt, werden wir über dessen Westseite hochkraxeln. Eine Minute vor dem Aufbruch ein letzter verweilender Blick hinunter, dorthin wo wir herkamen: die vierte der grossen Alleen; und weit entfernt, mit nahezu zwanzig Quadratmeilen Eis dazwischen, erhebt sich der gezackte Kamm des Äggischgrats, hinter dem sich das Rhonetal, die Zivilisation und das emsige Gedränge der Menschen verbergen.»

DIE VIERTAUSENDER AM ALETSCH

«Der Gipfel ist ein schmaler First aus gefrorenem Schnee, ungefähr so breit wie ein Reitsattel, und zu beiden Seiten so jäh abfallend wie ein sehr, sehr steiles Dach. Nachdem wir mit dem Pickel die Kanten etwas geglättet haben, setzen wir uns alle auf diesen First, die Füsse auf beiden Seiten baumelnd»: Die Beschreibung und dazu passende Zeichnung des Jungfraugipfels stammen aus *«Alpine ascents and adventures»* von Henry Schütz Wilson, 1878 (rechts).
Das wuchtige, stark vergletscherte Aletschhorn, vom Hinteren Fiescherhorn gesehen, überragt die im Hintergrund aufscheinenden Massive von Monte Rosa und Lyskamm (unten).

Das Aletschbecken umfasst nicht nur das weitläufigste Gletschersystem der Alpen, es strebt auch stark in die Höhe. Nicht weniger als 30 Gipfel über 3700 Metern ragen auf engem Raum aus dem Eis empor – darunter sechs Viertausender.

Aletschhorn, 4193 m
Der höchste Gipfel der Region könnte keinen passenderen Namen haben, befindet er sich doch genau beim Zusammentreffen der drei Geländekammern von Aletsch-, Mittelaletsch- und Oberaletschgletscher. Dank der freistehenden Lage und der imposanten Erscheinung zählt er zu den grossen Viertausendern Europas, und aufgrund der oft herrschenden Höhenwinde wird er gerne als kältester Berg des Alpenraums bezeichnet. Die Erstbesteigung fand am **18. Juni 1859** statt – durch den Engländer Francis Fox Tuckett und die Führer Johann Joseph Benet (Steinhaus VS), Peter Bohren (Grindelwald) und Victor Tairraz (Chamonix). Sie stiegen über den damals noch weitgehend unerforschten Mittelaletschgletscher auf den Gipfel und auf der gleichen Route wieder zurück.

Jungfrau, 4158 m
Die prominente Lage am Berner Horizont, rechts von Eiger und Mönch, und das eisige Faltenkleid machten die Jungfrau schon früh zu einer alpinen Berühmtheit.

Leuchtend beim Sonnenaufgang: die Jungfrau, von der Konkordiahütte (oben)
Unterwegs zum Licht: Silhouetten vor dem Mönch, vom Aletschgletscher (unten).

Wesentlich unauffälliger wirkt sie von Süden, von der Walliser Seite – und genau auf dieser Seite stiegen die ersten Menschen am **3. August 1811** auf den Gipfel: die Aarauer Johann Rudolf und Hieronymus Meyer sowie die Fiescher Führer Joseph Bortis und Alois Volken. Nie zuvor hatte jemand in der Schweiz einen Viertausender bestiegen. Doch die Tour gilt auch deshalb als revolutionär, weil sie keine naturwissenschaftlichen Ziele verfolgte, sondern der reinen Neugier und Entdeckerfreude der beiden Aargauer entsprang. Möglicherweise war es die Geburtsstunde des hochalpinen Bergsteigens als eigenständige Tätigkeit.

Mönch, 4107 m

Heute der meistbesuchte und «schnellste» Viertausender der Gegend – natürlich dank der Bahn aufs Jungfraujoch –, stand der Mönch lange Zeit im Schatten der nahen Jungfrau: Nicht ihm, sondern ihr galt das Interesse der meisten Expeditionen. Erst am **15. August 1857** erhielt er Besuch durch den Wiener Sigismund Porges und die Grindelwaldner Führer Christian Almer, Ulrich und Christian Kaufmann – und erst noch als Ausweichtour, denn die vier hatten es eigentlich auf den noch unbestiegenen Eiger abgesehen.

Nicht nur die Viertausender, auch der Weg dorthin ist das Ziel – Postkarte um die vorletzte Jahrhundertwende (unten).

Rechte Seite: Zwei Gipfel wie aus einem Guss – das Grosse und das Hintere Fiescherhorn, vom Grossen Grünhorn (links). Ebenfalls zwei Gipfel, aber nur der links ist ein Viertausender – Grosses Grünhorn und Grünegg
horn, vom Konkordiaplatz (rechts oben). Ganz gross, ja der grösste der Berner Alpen, aber nicht ganz am Grossen Aletschgletscher – das Finsteraarhorn, im Aufstieg zum Grossen Fiescherhorn (rechts unten).

Grosses Fiescherhorn, 4049 m

Die Landeskarte kennt gleich zwei Fiescherhorn-Gruppen, beide mehrgipflig und beide auf dem Grenzkamm zwischen Aletsch- und Fieschergletscher. Um sie zu unterscheiden, bezeichnet man die südlichen auch als Walliser, die nördlichen als Grindelwaldner Fiescherhörner. Letztere bestehen aus einem Grossen, einem Hinteren und einem Kleinen Fiescherhorn. Das Grosse wurde erstmals am **23. Juli 1862** betreten – von den Engländern Hereford Brooke George und Adolphus Warburton Moore sowie den Führern Christian Almer und Ulrich Kaufmann aus Grindelwald.

Grosses Grünhorn, 4044 m

Am **7. August 1865** erreichten der Stadtberner Edmund von Fellenberg und seine Grindelwaldner Führer Peter Michel, Peter Egger und Peter Inäbnit als Erste den Gipfel des Grossen Grünhorns – bei schlechtem Wetter und ohne jegliche Sicht. Dies hinderte Fellenberg nicht, das Panorama als «die centralste Gletscheraussicht nicht nur des Berner Oberlandes, sondern der gesammten Alpenkette» zu rühmen. Zumindest fürs Aletschgebiet ist das Grosse Grünhorn tatsächlich eine der schönsten Aussichtslogen.

Hinteres Fiescherhorn, 4025 m

Bleibt noch der niedrigste Aletsch-Viertausender. Seine erste verbriefte Besteigung datiert vom **28. Juli 1885** und geht aufs Konto der Österreicher Eugen Guido Lammer und August Lorria. Da sich der Gipfel vom Fiescherсattel (am Weg zum Grossen Fiescherhorn) geradezu anbietet und ohne jegliche Schwierigkeit in 20 Minuten erreichen lässt, ist es jedoch gut möglich, dass er schon füher – beiläufig und ohne Aufhebens – besucht wurde.

Unweit des Aletschgletschers befindet sich auch der höchste Berg der Berner oder nördlichen Walliser Alpen: das Finsteraarhorn (4274 m). Es gehört bereits zum Becken des Fiescher- und des Unteraargletschers, wird aber oft vom Aletschgebiet aus angegangen. Die erste Besteigung gelang am **16. August 1812** durch die drei Führer Joseph Bortis, Alois Volken (beide aus Fiesch) und Arnold Abbühl (aus Guttannen), im Rahmen der zweiten Meyer-Expedition, über die Südostflanke und den schwierigen Südostgrat.

Beim Ersten Dreieck.

DIE ERFORSCHUNG

«LOCKTE DOCH DAS ABENTEUERLICHE LEBEN» – HOCHALPINE FORSCHUNG

«In das Viertausenderreich der Berner Alpen war ich noch nie gekommen. Immer hatte es mich in andere Gebiete verschlagen [. . .], und als ich letztes Frühjahr eingeladen wurde, an der geplanten Mönchexpedition zum Messen der kosmischen Strahlen teilzunehmen, da waren Freude und Erwartung gross, mit diesen Giganten einmal näher in Berührung zu kommen.»

Die Einladung freut nicht nur den ETH-Dozenten Albert Frey, sondern auch andere arrivierte Wissenschafter. Absender ist Gubert von Salis, der später festhält: «Nicht schwer war es, Kameraden für die Mönchexpedition zu finden, die für den Sommer 1927 geplant war. Lockte doch das abenteuerliche Leben in einem Polarzelt auf 4100 Metern Höhe, verbunden mit die Zwischenzeit ausfüllender Ruhe und Erholung bei den gastfreundlichen Direktorsleuten der Jungfraubahn.» Salis ködert die Kameraden also nicht mit Wissenschaft, sondern mit Abenteuer. Kein Wunder: Ausser ihm selbst, einem Physiker, dürften sich die Teilnehmer der Expedition eher für das exklusive alpine Erlebnis als für die eigentliche Forschungsarbeit interessieren. Denn die Messung von kosmischen Strahlen – darum geht es offiziell – gehört nicht eben zum Tätigkeitsfeld der Eingeladenen: dreier Tierphysiologen und je eines Botanikers, Maschineningenieurs, Geologen, Bauingenieurs, Elektroingenieurs und Elektrotechnikers.

Aber blicken wir zuerst kurz zurück. Ende des 19. Jahrhunderts zieht es zahlreiche Wissenschafter in neue Höhen. Es beginnt die Ära der hochalpinen Forschungsstationen, die vor allem den Bedürfnissen von Meteorologen, Astronomen, Glaziologen, Physiologen und Physikern dienen. Zu den ersten Stationen gehört das 1886 eröffnete österreichische Sonnblick-Observatorium (3106 m). 1890 und 1893 folgen die französischen Einrichtungen am Mont Blanc: das Refuge Vallot (4362 m) und das Janssen-Observatorium auf dem Gipfel (4809 m). 1893 nimmt die italienische Capanna Regina Margherita (4554 m) im Monte-Rosa-Massiv den Betrieb auf. Die meisten Stationen sind allerdings nur Alpinisten zugänglich, was den Benutzerkreis stark einschränkt. Und: Von den grossen Alpenländern steht nur die Schweiz abseits.

Die italienische Capanna Regina Margherita im Monte-Rosa-Gebiet steht seit 1893 auf 4554 Metern und ist seit mehr als einem Jahrhundert die höchstgelegene Forschungsstation der Alpen (oben).

Gut Tausend Meter niedriger, aber immer noch hochalpin, ist das Jungfraujoch – es diente dem Genfer Astronomen Emile Schaer ab 1924 als Aussenposten, um den Mars zu beobachten (unten).

1927: «Das Beobachtungszelt auf dem geräumigen Gipfelfeld des Mönch». 1926: «Dr. G. von Salis hört im Beobachterzelt am Mönchgipfel (4105 m) den Wetterbericht der meteorologischen Zentralanstalt Zürich ab.»

Bereits im Konzessiongesuch der Jungfraubahn, das 1894 von den eidgenössichen Behörden gutgeheissen wird, ist von einem wissenschaftlichen Institut auf dem Jungfraujoch die Rede – nicht zuletzt, um die Auseinandersetzungen um die Konzessionserteilung günstig zu beeinflussen. Es werden allerdings lange Jahre vergehen, ehe 1931 die Forschungsstation Jungfraujoch endlich ihre Tore für die Wissenschaft öffnet; das etwas erhöhte Sphinx-Observatorium, Wahrzeichen der ganzen Anlage, wird 1937 folgen.

Die Mönchexpeditionen 1926 und 1927

Doch schon mit der Einweihung der Bahn 1912 steht den Forschern erstmals in der Schweiz ein rasch und bequem erreichbarer Ausgangspunkt im Hochgebirge zur Verfügung. Nach und nach treffen Wissenschafter aus verschiedenen Gebieten ein, um die einmalige Chance zu packen. Unter ihnen befinden sich Werner Kolhörster und Gubert von Salis, zwei Physiker, die sich der Erforschung der kosmischen Strahlung widmen. Nach einigen Messungen auf dem Jungfraujoch in der ersten Hälfte der 1920er-Jahre kommen sie zum Schluss, dass man auf dem Mönch noch bessere Resultate gewinnen könnte. Im Sommer 1926 errichten sie deshalb auf dessen Gipfel ein Zeltlager, das den Wissenschaftern und Messgeräten Obdach gewähren soll. Die Messergebnisse lassen aufhorchen, doch die Platzverhältnisse in den Gipfelzelten erweisen sich als zu prekär.

Im Sommer 1927 revidiert von Salis die Logistik und entscheidet sich, inspiriert von Kriegserfahrungen der österreichischen Armee, für eine Firnhöhle. Die auf der Gipfelkuppe ausgehobene Eisklause wird auf den Namen «Mönch-Pavillon, 4105 m» getauft. Im Innern sorgen Rentierschlafsäcke, Filzteppiche, ein Kocher und eine Akkumulatorenbeleuchtung für einen gewissen Komfort und erinnern an eine Szene aus einer Polarexpedition. «Viel zur Wohnlichkeit, ja bis zur Wärmeempfindung» trägt ein anderes Kunstwerk bei, «ein dunkelroter Stoffries, mit gestickten Alpenblumen sinnig geschmückt, ein Werk der fleissigen weiblichen Hände der Eigergletscherkolonie». Die Messungen finden hingegen nach wie vor in einem kalten Zelt statt. Insgesamt bleiben die Forscher 34 Tage und 17 Nächte auf dem Gipfel, meist zu zweit oder zu dritt, und wechseln sich ab mit den Geräteablesungen.

Zumindest für den Botaniker Albert Frey, der 16 Tage am Mönch verbringt, steht das Bergerlebnis eindeutig im Vordergrund: «Aus dem Konkordiaplatz strömt feierlich der Aletschgletscher, der mich an die grössten und schönsten Flüsse erinnert, die ich schon

Die Anlagen auf dem Mönch im Sommer 1927. In der Firnhöhle, deren Eingang durch eine solide Doppelflügeltüre aus Holz geschützt ist, liegt die Temperatur meist zwischen −6 und 0 °C. «Wurde zu eifrig gekocht und stieg die Temperatur auf +1°, so bildeten sich Tropfen an der Decke.»

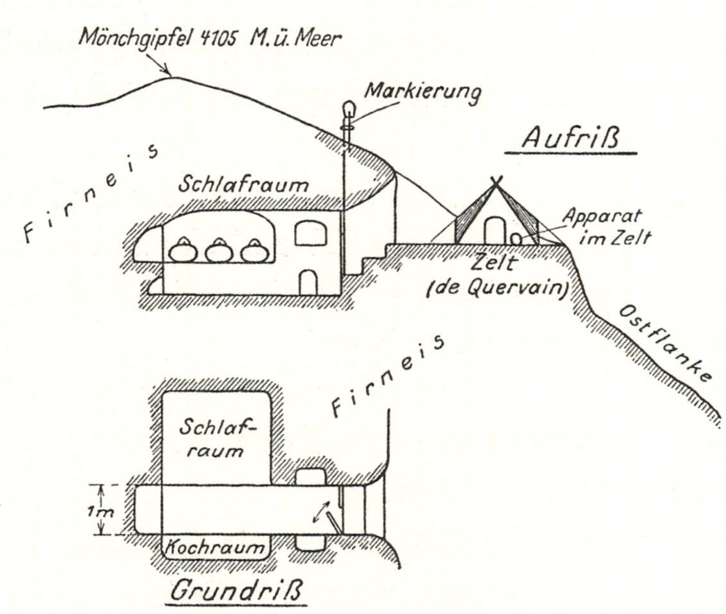

gesehen habe, und von dem man nicht sagen kann, ob er fliesst oder stillsteht, wenn man den Blick, den er magnetisch anzieht, längere Zeit unverwandt auf ihm ruhen lässt. Alles strahlt im schönsten Morgenglanze, während auf der Scheidegg unten noch grauer Morgen und im Lauterbrunnental dunkle Nacht herrschen.» Die alpine Grenzerfahrung wirkt auf den 26-jährigen Frey bewusstseinserweiternd und beflügelt ihn zu ausgedehnten Explorationen seiner eigenen Seele: «Mein Kamerad hat bis nach Mitternacht gemessen und schläft nun; wach liege ich im Schlafsack und sinne […] Es ist merkwürdig, wie mächtig sich die Phantasie regt, wenn man allein über einen Gletscher geht, und wie getreu das Gedächtnis alte, längst vergangene Bilder wieder wach ruft.» Die wissenschaftliche Arbeit, die von Zeit zu Zeit ansteht, scheint für Frey nichts anderes als eine lästige Ablenkung zu sein: «Da ruckt der Wecker; es ist Zeit zum Messen […]. Nach der Messung ist der Ausgang schon wieder frisch verschneit. Nur nicht schimpfen und hasten! […] Kaum ist die durch die Messung hervorgerufene Ablenkung meiner Gedanken vorbei, nimmt mich der vorige Ideenkreis wieder gefangen.» Freimütig bekennt er sich denn auch zu seinen Prioritäten: «Fast habe ich bereut, mich da oben der Wissenschaft verschrieben zu haben, die mir nicht erlaubt, mich völlig frei und unabhängig dem Bergsteigen zu widmen.» Die Beschäftigung mit den kosmischen Partikeln reizt spürbar weniger als die Verlockung einer alpinistischen Tat.

Bereits 1913 installierten Forscher und Bergführer bei der Konkordiahütte einen «Mougin»-Niederschlagsmesser (links). Ob sie bloss aus Wissensdurst den beschwerlichen Anmarsch auf sich nahmen?

Zu den ersten Erforschern des Aletschgebiets zählt der Solothurner Franz Joseph Hugi (1791–1855). Neben ihm posiert – in einer Aufnahme von 1857 – der irische Physiker John Tyndall (1820–1893), der von 1861 bis zu seinem Tod jeden Sommer am Aletschgletscher verbrachte.

Wissensdurst oder Abenteuergeist?

Sind Hochgebirgsforscher beherzte Menschen, die sich in abweisende Einöden vorkämpfen und schwierige Bergtouren tapfer in Kauf nehmen, um an den entsetzlichsten Stellen ihre Messungen vorzunehmen, nur von der reinen Wissensbegierde, vom Verlangen nach akademischer Wahrheit getrieben? Oder sind sie etwa in erster Linie unverbesserliche Bergfreaks, die unter Vorwand ihre Selbsterfahrungsreisen durch Eis und Fels und ihren Abenteuergeist sozial rechtfertigen und sich ihre Freude an den Bergen von Forschungsbudgets finanzieren lassen? Die Frage ist nicht neu.

Mitte des 19. Jahrhunderts wird im Alpenraum unter Federführung britischer Bergsteiger eine Epoche eingeläutet, die heute als «Goldene Zeit des Alpinismus» bezeichnet wird. Zwei ihrer schillerndsten Persönlichkeiten sind Leslie Stephen und John Tyndall. Stephen (1832–1904), Philosoph und Literat, besucht die Alpen erstmals 1857 und hinterlässt bald tiefe alpinistische Spuren: Nebst der Erstbesteigung von vier Viertausendern und weiterer Gipfel kann er sich der ersten Überschreitung der Eigerjoche (1859) und des Jungfraujochs (1862) rühmen, der wichtigsten Pässe am unmittelbaren Fuss des Mönchs. Tyndall (1820–1893), Atmosphärenphysiker und Wissenschaftstheoretiker, besucht die Alpen ebenfalls ab 1857 – seine Spuren sind eine knapp gescheiterte Erstbesteigung des Matterhorns, eine geglückte des Weisshorns und viel Forschungsarbeit, die er unter anderem in seiner Villa oberhalb der Belalp vorantreibt. Beide sind sehr gipfelstrebig, doch während Stephen sich als purer Bergsteiger versteht, ist Tyndall in erster Linie Wissenschafter. Dass sie sich nicht sonderlich verstehen, hängt wohl eher mit dem beidseits grosszügig vorhandenen Ehrgeiz zusammen als mit der philosophischen Grundsatzdebatte über die Beweggründe des Bergsteigens. So schnauzt Stephen seinen Rivalen an als «einen dieser Fanatiker, die, aus einem für mich vollkommen unergründlichen Gedankengang heraus, die Begehung der Alpen irgendwie mit Wissenschaft in Verbindung gebracht haben».

Meyer vs. Hugi und Agassiz

Doch Stephen und Tyndall haben ihre Vorgänger, auch in der Schweiz. Erster und wichtigster Schauplatz eines solchen Fernduells, das schriftlich ausgetragen wird, ist die Aletschregion. Waren die Gebrüder Meyer 1811 vor allem aus Neugier und Lust auf die Jungfrau gestiegen, monieren eine Generation später der Solothurner Geologe Franz Joseph Hugi und der West-

Pegel zur Messung des Firnzuwachses auf dem Ewigschneefäld, um 1950.

Rechte Seite: Seit je beteiligen sich einheimische Führer an der Erforschung des Aletschgletschers. So auch Martin Nellen, Bergführer auf der Riederalp, der seit über 30 Jahren den Gletscherhistoriker Hanspeter Holzhauser bei dessen Untersuchungen begleitet. Im Bild ist Nellen mit dem emeritierten ETH-Professor Atsumu Ohmura zu sehen, anlässlich einer Gletscherbegehung 2014.

schweizer Glaziologe Louis Agassiz den mangelhaften Wissensdurst der beiden Aargauer Kaufleute.

Zumindest im Falle von Agassiz nicht ganz nachvollziehbar, ist er doch selbst an alpinistischen Lorbeeren interessiert. Zwischen 1840 und 1845 erforscht er mit seinen Mitarbeitern Édouard Desor, Carl Vogt und anderen die Gletscherwelt des Unteraar- und Lauteraargebiets, um die glaziologischen und geologischen Zusammenhänge zu verstehen. Doch manchmal reicht die Zeit für einen Ausflug in höhere Regionen, und so besteigt Agassiz mit seiner Gruppe und dem schottischen Eisforscher James David Forbes im Jahre 1841 die Jungfrau. Einige Instrumente kommen auch mit. Geforscht wird aber nur müde, dafür umso kräftiger gefeiert: Auf dem Gipfel schenken sich alle ein Glas Wein ein, «das wir von ganzem Herzen auf die Gesundheit der Schweiz tranken. Dann streckten wir uns eine Weile auf dem Schnee aus und bewunderten mit dem Auge des Naturforschers das Schauspiel, das uns umgab.» Im Schnee liegend, mit einem Glas Wein in der Hand: eine Versuchsanordnung, die nicht unbedingt an epochemachende Forschung denken lässt.

Knapp hundert Jahre später steckt Albert Frey in seinem Zelt auf dem Mönchgipfel, geniesst das Leben auf dem Gipfel und misst ab und zu kosmische Strahlen. Den wahren Grund für seine Teilnahme an der Mönchexpedition liefert er uns selbst: «Denn wir sind von der gleichen Liebe zu unseren Bergen beseelt wie die Pioniere des Alpinismus, und der Entdeckergeist, der sie nach neuen Wegen durch unsere Hochalpen fahnden liesse, treibt uns nun, da die wichtigsten Pfade gefunden und gebahnt sind, weiterzusuchen und die eigenartigen Naturerscheinungen, die das Hochgebirge auszeichnen, zu ergründen.» Für Dr. Frey, Privatdozent am Zürcher Polytechnikum, taugt die wissenschaftliche Erforschung der Alpen gerade noch als billiger Ersatz für eine alpinistische Erforschung, die lange vor seiner Zeit weitgehend erledigt worden war – durch andere Akademiker.

Die Aufnahme von 1925 zeigt die touristische Infrastruktur auf dem Jungfraujoch – und die versprochenen, aber noch nicht realisierten Forschungsbauten.

DIE FORSCHUNGSSTATION JUNGFRAUJOCH

Nachdem die Jungfraubahn 1912 den Betrieb aufgenommen hatte, wurde es rasch still um das im Konzessionsgesuch versprochene wissenschaftliche Institut. Erst zehn Jahre später griff der für seine Grönland-expedition berühmte Meteorologe Alfred de Quervain die Idee wieder auf und investierte viel Energie in deren Realisierung. Nach seinem Tod 1927 sprang der Physiologe und spätere Nobelpreisträger Walter Rudolf Hess in die Bresche (nicht ganz freiwillig, hiess es) und trieb das Vorhaben nun entschlossen voran. 1930 erfolgte die Gründung einer Stiftung mit Vertretern der Schweizerischen Naturforschenden Gesellschaft, der Jungfraubahnen und wissenschaftlicher Institutionen aus der Schweiz, Deutschland, Frankreich, England, Österreich und Belgien. Mehrere private Sponsoren unterstützten die Idee, wobei der mit Abstand grösste Beitrag von New York kam: Stolze 185 332 Franken steuerte die Rockefeller Foundation bei. Im gleichen Jahr begannen die Arbeiten am grosszügigen, sechsstöckigen Bau. Für stark belastete Teile der Tragmauern musste sogar Granit aus dem Tessin angekarrt werden, da das Gestein rund um das Jungfraujoch für solch extreme Temperaturschwankungen als Baumaterial ungeeignet war.

Als die «Hochalpine Forschungsstation Jungfraujoch» im Sommer 1931 feierlich eingeweiht wurde, waren fast alle zufrieden. «Einzig die Meteorologen zeigten sich etwas enttäuscht», berichtet eine Festschrift zum 50-jährigen Bestehen der Forschungsstation: «Ihren Bedürfnissen war nicht in dem Masse Rechnung getragen worden, wie aufgrund ihrer Verdienste um die Forschungsstation hätte erwartet werden können.». Um diesen Missstand zu beheben, nahm Hess sogleich ein Ausbauprojekt an die Hand: die Errichtung eines Observatoriums auf der gut 100 Metern höher gelegenen Sphinx, einer luftigen Felsspitze zuoberst auf dem Grat des Jungfraujochs.

Im selben Jahr 1925 wurde auf dem Firn des Jungfraujochs ein Holzpavillon für meteorologische Messungen errichtet. Bereits 1924 hatten Genfer Forscher die Gunst der Höhenlage erkannt – und ein 60-cm-Spiegelteleskop für Marsbeobachtungen installiert.

Die heutige Situation auf dem Jungfraujoch: Oben auf der Sphinx wird gemessen, unten rechts im Institutsgebäude geschlafen, unten links im touristischen «Top of Europe» manchmal gegessen – obwohl die Wissenschafter über eigene Herdplatten verfügen: «Blick in die Küche der Forschungsstation. Es wird behauptet, Forscher seien manchmal auch gute Köche!» (Aufnahme um 1950)

Dank finanzieller Unterstützung des Bundes, der Kantone Bern und Wallis, der Jungfraubahn, des Schweizer Alpen-Clubs und der Schweizerischen Meteorologischen Anstalt konnte das Observatorium 1937 eröffnet werden – und avancierte postwendend zum Wahrzeichen der ganzen Forschungsstation. Der markante Steinbau war von Beginn weg für die Meteorologen und Strahlungsforscher konzipiert, 1950 kam eine Kuppel für die Astronomen hinzu, und 1966 brachten belgische Astrophysiker den allerersten Computer aufs Jungfraujoch.

Bis heute zieht die Forschungsstation Wissenschafter aus halb Europa an. Warum, wo doch längst bodenunabhängige Fernerkundungsmethoden, Unterdruckkammern, Satellitenteleskope und computergestützte Simulationsmodelle zur Verfügung stehen? Das hängt ganz wesentlich von der jeweiligen Forschungsrichtung ab. So schätzen Physiologen vor allem den grosszügigen Sauerstoffmangel, Meteorologen die Nähe zur freien Atmosphäre, Glaziologen das üppige Eisangebot, Strahlungsphysiker die ungetrübte Sonne, Astronomen die pechschwarze Nacht, Hochenergiephysiker die freie Sicht ins Weltall und Umweltforscher ganz einfach die frische Luft. Aber gewiss schätzen sie alle die unbeschwerliche Anreise, die beheizten Zimmer, die gute Infrastruktur. Und wohl ein wenig die Aussicht auf die Berge – und auf eine tüchtige Bergtour.

Auf der Sphinx (rechte Seite, mit der Jungfrau im Hintergrund) befinden sich die meisten technischen Forschungsanlagen – darunter die Teleskopkuppel (oben links), das Lidar (eine Art Laser-Radar für die Erkundung der Atmosphäre, oben rechts), ein Umlenkspiegel für die Messung der Sonnenstrahlung (unten links) und das Fenster, aus dem Martin Fischer und seine Kollegen Tag für Tag im Auftrag von MeteoSchweiz das Wetter beobachten (unten rechts).

FORSCHUNG HEUTE: DREI BEISPIELE

WAS SAGT UNS DIE LUFT AUF DEM JUNGFRAUJOCH?

Stefan Reimann ist Umweltchemiker bei der Empa, der Eidgenössischen Materialprüfungs- und Forschungsanstalt. Mit seiner Forschungsgruppe, und in Zusammenarbeit mit dem Bundesamt für Umwelt, misst er auf dem Jungfraujoch Luftschadstoffe, ozonabbauende Substanzen und die wichtigsten Treibhausgase wie CO_2, Methan und Lachgas. Dort oben, auf über 3500 Metern, ist die Luft in der Regel so rein wie an nur wenigen Orten auf der Nordhemisphäre – die Apparaturen zeigen dann die sogenannte «Hintergrundkonzentration» der Gase an, also jene Werte, die heute überall auf der Nordhalbkugel konstant vorhanden sind. Doch bei bestimmten Wetterbedingungen können verschmutzte Luftmassen aus dem Schweizer Mittelland oder aus Norditalien bis zum Jungfraujoch ansteigen. Dann schlagen die Geräte aus und detektieren die Schadstoffe der stark besiedelten und industrialisierten Regionen.

Für die Messung der ozonabbauenden Fluorchlorkohlenwasserstoffe (FCKWs) und deren Ersatzprodukte ist ein Gerät namens «Medusa» zuständig. Von diesem raffinierten, komplexen Analysegerät stehen

Das weltweite AGAGE-Messnetz (Advanced Global Atmospheric Gases Experiment) zur Messung von ozonabbauenden FCKWs und Ersatzprodukten. An den neun schwarz beschrifteten Stationen stehen standardisierte «Medusa»-Systeme im Einsatz, was die weltweite Vergleichbarkeit der Daten erleichtert.

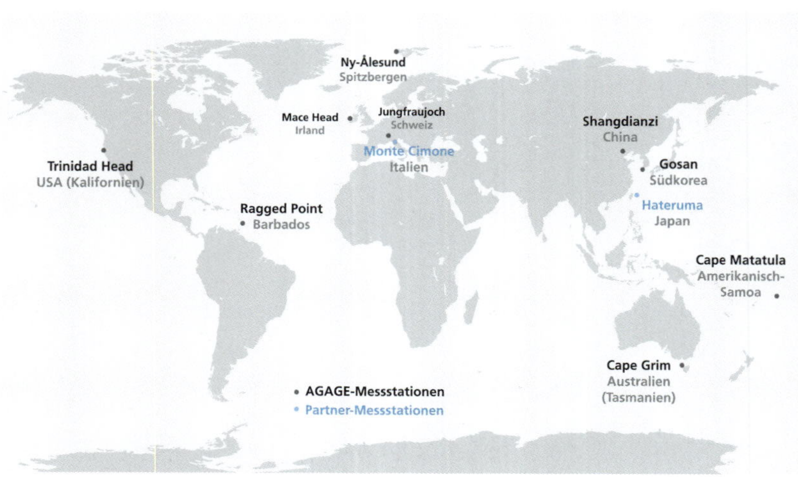

Stefan Reimann wartet das Messsystem «Medusa» zur Analyse von ozonabbauenden FCKWs und Ersatzprodukten – in diesem Fall nicht jenes auf dem Jungfraujoch, sondern eine baugleiche Anlage an der Empa in Dübendorf. Zunächst gelangt die Luft in eine Kühleinheit, wo die Substanzen bei −150 °C ausgefroren werden. Die Probe wird anschliessend erhitzt und dem sogenannten Gaschromatograph-Massenspektrometer zugeführt, der die Bestandteile der Luft analysiert.

«Einer der höchsten Orte der Erde, wo Atmosphärenforschung betrieben wird»: das Sphinx-Observatorium auf dem Jungfraujoch.

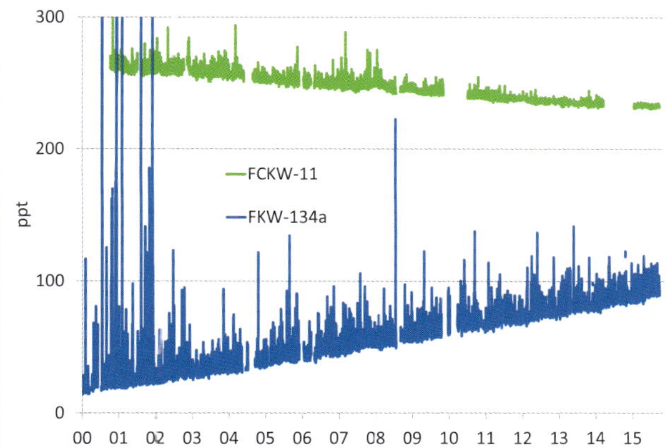

weltweit bloss neun Exemplare im Einsatz, die alle in ein globales Netzwerk eingebunden sind – sie befinden sich, nebst dem Jungfraujoch, in Irland, Spitzbergen, Barbados, US-Samoa, Tasmanien, in Kalifornien, China und Korea. Die daran beteiligten Forscher halfen entscheidend mit, den Anstieg der FCKWs in den 1980er-Jahren nachzuweisen und den Zusammenhang mit dem Ozonloch aufzuzeigen – was zum weltweiten Verbot dieser Stoffklasse führte.

Reimann führt mit seiner Arbeitsgruppe diese Messungen weiter – und kann immer wieder Fälle aufdecken, bei denen irgendwo in Europa grössere Emissionen an Schadstoffen und klimarelevanten Gasen stattfinden. Die Anstrengungen lohnen sich: So konnten die Forscher erhöhte Konzentrationen des fluorierten Kohlenwasserstoffs FKW-134a aufspüren, der beispielsweise aus undichten Autoklimaanlagen stammt, stark treibhausaktiv ist – und nun durch weniger klimaschädliche Substanzen ersetzt werden soll. «So tragen Messungen auf dem Jungfraujoch – einem der höchsten Orte der Erde, wo Atmosphärenforschung betrieben wird – nicht nur zur wissenschaftlichen Erkenntnis bei, sondern auch zu besseren Lebensbedingungen in den bewohnten Gebieten», resümiert Reimann seine Arbeit.

Der Verlauf der Konzentrationen ausgewählter Substanzen zwischen 2000 und 2015 auf dem Jungfraujoch. Während das verbotene FCKW-11 langsam abnimmt, zeigt das in Klimaanlagen eingesetzte FKW-134a einen kontinuierlichen Anstieg. Die Ausschläge gegen oben zeigen Fälle an, wo das Jungfraujoch durch verschmutzte Luft aus den umliegenden Siedlungsgebieten in Norditalien und der Schweiz beeinflusst wird.

WAS GESCHIEHT, WENN SICH DER GLETSCHER ZURÜCKZIEHT?

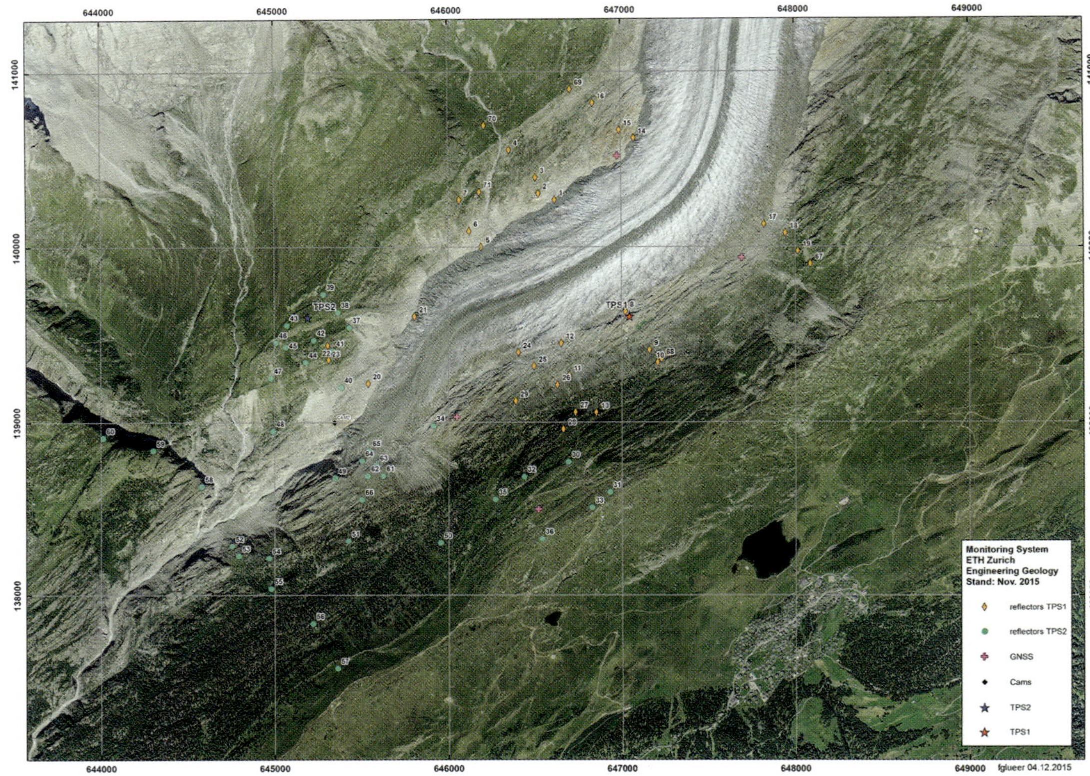

Das Messnetz im Ausbaustadium November 2015. Herzstück sind die beiden Totalstationen TPS1 (Chatzulecher) und TPS2 (Driest), die je mit einem Tachymeter ausgerüstet sind – einem Vermessungsgerät, das die Zielpunkte automatisch anvisieren und deren Lage im Raum bestimmen kann.

Franziska Glüer ist Ingenieurgeologin an der ETH Zürich. Mit ihren Kollegen der Gruppe um Simon Löw untersucht sie die Hänge im unteren Bereich des Aletschgletschers. Die Doktorandin interessiert sich insbesondere für die Instabilitäten der dortigen Flanken, die allmählich ins Rutschen geraten. Nach aktuellem Stand der Forschung sind für die Bewegungen und Verformungen des Geländes mehrere Ursachen verantwortlich, namentlich die Eisschwankungen im Wechsel der Warm- und Kaltzeiten, die Erosion des Gletschers, die Änderungen der Temperatur und des Wasserdrucks sowie die stellenweise ungünstige geologische Struktur des Untergrunds.

Neben Kartierungen, Vergleichen mit historischen Dokumenten und Modellrechnungen führt die Forschungsgruppe umfassende Messungen im Gelände durch, zu der auch Tiefbohrungen im 500 Meter dicken Gletscher beim Märjelensee gehören. Sie unterhält ein aufwendiges geodätisches Messnetz, das die Flanken mit hoher zeitlicher und räumlicher Auflösung überwacht. Kernstück dieses Vermessungsnetzes sind zwei Stationen mit je einem Tachymeter – einem Vermessungsgerät, das Entfernung und Winkel zur Bestimmung der Lage von Zielpunkten messen kann. Zudem umfassen die Totalstationen Meteo-Sensoren, eine GPS-Anlage, eine autarke Energieversorgung und eine Datenübermittlung via Mobilfunknetz. Diese Stationen können selbstständig 70 im Gelände fix angebrachte, reflektierende Prismen anmessen und stündlich deren Lage bestimmen. Weitere GPS-Stationen liefern kontinuierlich ihre Position, zudem übermitteln Meteo-Sensoren alle 30 Minuten die aktuellen Wetterparameter. Sämtliche Daten werden in Echtzeit auf einen Server der ETH Zürich übertragen, was eine permanente Überwachung der beobachteten Hänge erlaubt. Damit können Glüer und ihre Kollegen aktive Felsrutschungen und Verformungen nicht nur unmittelbar feststellen, sondern auch im Detail untersuchen.

So konnte die Forschungsgruppe 2015 nach der Schneeschmelze, alarmiert vom Naturgefahren-Beobachtungsdienst Naters, unterhalb der Moosfluh einen plötzlich aktivierten Hangrutsch beobachten, der Verformungen im Gelände von bis zu 7 Metern pro Tag bewirkte. «Ablagerungen dieser Rutschung könnten das Flussbett aufstauen und Flutwellen auslösen», so Glüer. Mit ihrer Arbeit trägt sie somit auch zum besseren Verständnis möglicher Naturgefahren im Bereich des Aletschgletschers bei.

Oben links: Wartungs- und Reparaturarbeiten sind bei der Totalstation Driest häufig notwendig, da sie extremen Wetter- und Temperaturschwankungen ausgesetzt ist. Hier baut Franziska Glüer im Winter einen neuen Neigungssensor ein.

Links: Glückliche Gesichter nach einer Woche Arbeit mit der Installation der Totalstation Chatzulecher und der Montage von 30 Reflektoren an den Felswänden im Umkreis von 2 km. Im Bild, von links: Franziska Glüer, Reto Seifert, Stewart Bishop, Jörg Donau, Stephan Bolay und Lorenz Grämiger.

Oben Mitte: Im Mai 2015, nach der Schneeschmelze, begann der Hang zwischen Kalkofen und Silbersand aufzureissen und bildete teilweise mehrere Meter tiefe Risse. Dank des bereits existierenden Überwachungssystems und mit Hilfe erfahrener Bergführer des Naturgefahren-Beobachtungsdiensts Naters konnten im instabilen Hang zusätzliche Reflektoren angebracht und so die Hangbewegungen mit Millimeter-Genauigkeit beobachtet werden.

Oben rechts: Um die genaue Bewegung von Punkten zu messen, werden Reflektor-Prismen in den Felswänden installiert. Franziska Glüer beim Einbohren eines Reflektors im Gebiet Silbersand.

Die Grundgleichung zur Bestimmung der Eisbewegung. Das Computermodell unterteilt den Gletscher in unzählige winzige Zellen und berechnet deren Verschiebungen – jeweils in kleinen Zeitschritten. Damit lässt sich die Zukunft simulieren – und die Vergangenheit rekonstruieren.

Strömungsgleichung

$$-\nabla \cdot \left(\mu \left(\nabla \vec{u} + \nabla \vec{u}^{T}\right) - p \right) = \rho \, \vec{g}$$

1. Ableitung · Viskosität · Geschwindigkeit · Druck · Dichte · Schwerkraft

Inkompressibilität des Eises

$$\nabla \cdot \vec{u} = 0$$

WIE ENTWICKELT SICH DER GLETSCHER?

Guillaume Jouvet ist Mathematiker an der ETH Zürich. Auf Knopfdruck kann er die rund 13 Milliarden Tonnen des Aletschgletschers fliessen lassen – im Zeitraffer. Dazu hat seinen Computer mit allerhand Daten gefüttert: mit der räumlichen Verteilung der Eismasse, mit der Form des Gletscherbetts, mit der Topografie der Umgebung. Und, vor allem, mit jener physikalischen Gleichung, welche die Entwicklung des Gletschers bestimmt: der Strömungsgleichung für inkompressible Flüssigkeiten. Denn Eis verhält sich wie eine Flüssigkeit – genauer: wie eine viskose Flüssigkeit, ähnlich zähflüssigem Honig. Jouvets Modell teilt den ganzen Aletschgletscher in kleine Pakete auf und berechnet deren Fliessverhalten. Dass jedes Eispaket seine Nachbarn schubst, zieht und abdrängt, macht das Ganze ziemlich kompliziert und benötigt viel Rechenleistung. Und viel Wissen: An den Grundlagen des Modells waren mehrere Forscher beteiligt, so die Mathematiker Marco Picasso und Jacques Rappaz von der ETH Lausanne und die Glaziologen der ETH Zürich um Matthias Huss, Martin Funk und Heinz Blatter.

Das Modell erlaubt, mögliche Entwicklungen des Gletschers zu simulieren. Die Zukunft des Eisstroms möchte Jouvet damit nicht voraussagen. Denn dafür sind die künftigen Temperaturen und Niederschläge ausschlaggebend, und die werden erst die kommenden Generationen kennen. Aber Glaziologen und Klimatologen können ihm Szenarien über die künftigen Werte für den Firnzuwachs im oberen Teil des Gletschers und den Eisverlust im unteren Teil liefern, und diese rechnet er dann auf seinem Computer durch. Wenn er für die nächsten Jahrzehnte ein kaltes Klima annimmt, wächst sein Aletschgletscher. Legt er dem Modell hingegen steigende Temperaturen zugrunde, was wohl eher der Zukunft entspricht, zieht sich der Gletscher zurück – je nach Szenario mehr oder weniger drastisch. Jouvet kann das Modell übrigens auch rückwärtslaufen lassen: Da es die Vergangenheit zuverlässig nachzeichnet, dürfte es auch die Zukunft realistisch simulieren.

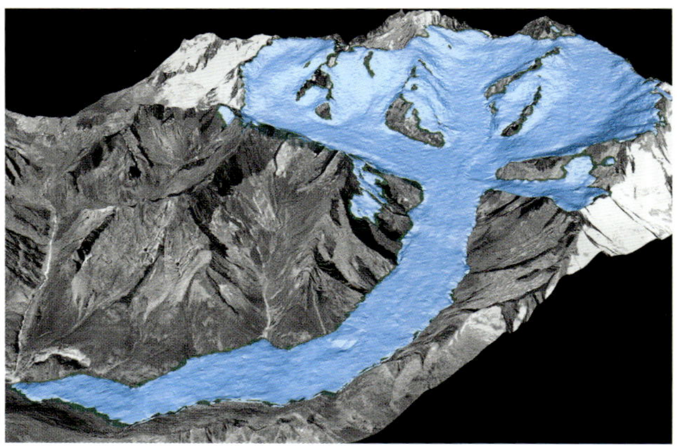

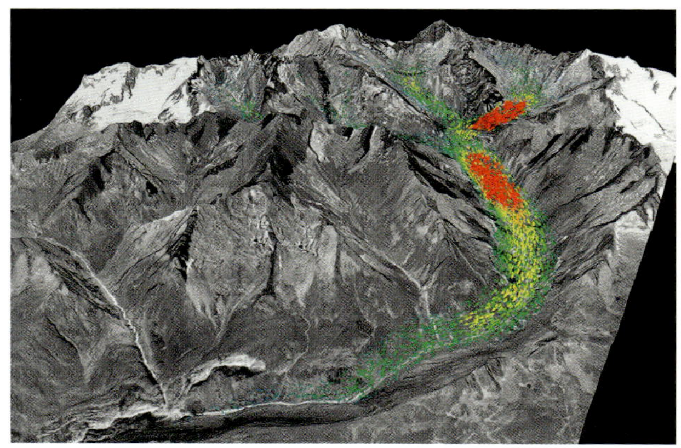

Die Topografie mit dem Gletscher im Modell von Guillaume Jouvet (links). Typische Fliessgeschwindigkeiten des Gletschers. Besonders schnell fliesst das Eis in der Seraczone des Ewigschneefälds und unterhalb des Konkordiaplatzes; am langsamsten ist es dagegen im Zungenbereich, an den Rändern und in den oberen Firnbecken (rechts).

Der Stand des Aletschgletschers im Jahr 2100, berechnet für vier Szenarien mit unterschiedlichen durchschnittlichen Lufttemperaturen.

Bis 2100 konstant gleiche Temperatur und gleicher Niederschlag wie in der Periode 1961–1990

Bis 2100 konstant gleiche Temperatur und gleicher Niederschlag wie in der Periode 1989–2008

Bis 2100 linearer Anstieg der Temperatur um 2 °C

Bis 2100 linearer Anstieg der Temperatur um 4,3 °C (mittleres zu erwartendes Szenario gemäss aktuellen Klimamodellen)

Guillaume Jouvet bei einer Besichtigung des Geländes.

Am Fulbärg.

DER TOURISMUS

DER TRAUMHAFTE BLICK –
EIN GLETSCHER WIRD ZUR ATTRAKTION

1812 – Märjelenalp «Am Ende des Aletschsees nahmen uns die steinernen Hütten unserer Führer gastfreundlich auf. Sechs Tage blieben wir hier ruhig, die schlichten Sitten der Älpler zogen uns immer mehr an; wir lebten zufrieden und froh.» Die Meyersche Expedition von 1812 war mit Joseph Bortis und Alois Volken offensichtlich sehr zufrieden – mit deren Rolle als Führer, aber auch als Älpler auf Märjelen. Sie waren die ersten Gastgeber am Aletschgletscher.

Gut erging es auch der Seilschaft um Agassiz und Desor auf dem Rückweg von der Jungfrau, 1841. Mitten auf dem Gletscher kam ihnen, wie verabredet, ein Älpler von Märjelen entgegen. Lassen wir Desor sprechen: «Der gute Mann war beladen wie ein Maultier, denn nebst den Lebensmitteln, um die wir ihn gebeten hatten, brachte er uns eine ganze Bränte voll vorzüglicher und noch warmer Milch, die er eben gemolken hatte. Es war zweifellos die exquisiteste Erfrischung, die er uns hätte anbieten können, und so liessen alle vom Wein zugunsten der Milch ab. Wir setzten uns im Kreis um unseren grosszügigen Hausherrn und schöpften der Reihe nach aus seinem riesigen Gefäss, bis es nahezu leer war. Es war die malerischste und gleichzeitig eine der schönsten Mahlzeiten meines Lebens.» Dann machte sich die Expedition auf den Weiterweg und erreichte schliesslich die Märjelenalp: «Um halb zwölf nachts kehrten wir zurück zum gastlichen Dach unserer ehrlichen Walliser Hirten, nach einer über 18-stündigen Tour.»

Ein Jahr später war der Berner Gottlieb Studer im Gebiet unterwegs. Auch er hatte für die Älpler auf Märjelen, die Brüder Zeiter, von denen er «mit seltener Gastfreundlichkeit aufgenommen» wurde, nur lobende Worte übrig: «Die freundlichen Hirten auf Märjelen unterstützten uns nach Kräften bei unserem Vorhaben. Zwei Decken, die einzigen, die sie besassen, ein Leintuch, eine Bürde Holz, das sie selbst mehrere Stunden weit nach der Alp schleppen müssen und ein eiserner Kochhafen wurden in eine Hutte gepackt und einer der Hirten erbot sich zuvorkommend, uns mit dieser Ladung nach dem noch zu erspähenden Nachtlager am Aletsch-Gletscher zu begleiten.» Als Studer und seine Seilschaft nach der Besteigung der Jungfrau zurückkehrten, war es ähnlich wie bei Desor: «Um 11 Uhr Nachts, nach einem Marsche von 17 Stunden, erreichten wir, ziemlich ermüdet, die ersehnte gastliche Hütte der braven Walliser. Herzlich bewillkommt wurden wir von dem anwesenden Bruder, Joseph Zeiter, der seine Freude über unsere glückliche Heimkehr dadurch an den Tag legte, dass er uns zur Erquickung alles anerbot, was er nur selbst besass.» Studer & Co. gefiel es dermassen, dass sie einen Tag länger als nötig blieben, und «unterdessen schickte Zeiter einen Knaben nach Viesch herunter, um uns mit Wein und Brot zu versehen.»

Die Gastfreundlichkeit war also vorhanden. Ein eindrücklicher Gletscher sowieso. In einer Zeit, in der sich der Tourismus anschickte, die Alpen zu erobern, waren dies beste Voraussetzungen. Denn Gletscher gehörten damals zu den grossen Sehenswürdigkeiten der Alpen, liessen Besucher schwelgen, Dichter zur Feder und Maler zum Pinsel greifen.

Und tatsächlich: Ab 1840 kreuzten allmählich die ersten Gäste im Aletschgebiet auf. Es waren – who else? – vorab Briten.

«Glacier et lac d'Aletsch» von Joseph Bettannier. Der wissenschaftliche Zeichner begleitete im August 1839 die erste glaziologische Kampagne von Agassiz, Desor & Co. am Märjelensee und fertigte vor Ort Skizzen und Zeichnungen an. Insgesamt 32 prächtige Tafeln erschienen 1840 als Atlas zu Louis Agassiz' «Études sur les glaciers».

Hôtel de la Jungfrau am Eggishorn, 1949.

1856 – EGGISHORN

Angesichts des traumhaften Blicks versinkt die Seele in Bewunderung und Entzücken. Die Sicht ist so weitläufig und vielseitig wie kaum eine zweite. Sie umfasst den Gebirgszug der Berner Alpen im Norden, und jenen des Monte Rosa im Süden. Das Aeggischhorn erhebt sich zwischen diesen zwei prächtigen Gebirgsketten, und ungeheuer weit unten, zu unseren Füssen, liegt der grosse Aletschgletscher, sich in ununterbrochener Weite hinstreckend, etwa zwanzig Meilen lang und vielleicht zwei oder drei breit. Am südlichen Rand dieses Gletschers befindet sich der kleine, tiefblaue Märjelensee, auf dem makellos weisse Eisberge treiben. Auf allen Seiten ragen die Schneespitzen höchster Berge in den Himmel.

Eliza Robinson Warwick Cole,
A Lady's Tour round Monte Rosa, 1859.

Als der Londoner Arthur Thomas Malkin – als vermutlich erster Tourist – am 26. August 1840 auf dem Eggishorn steht, begleitet von zwei Fiescher Führern, deutet noch nichts auf die grosse Zukunft hin, die dem kleinen Berg bevorsteht. Denn den Alpinisten hat er kaum etwas zu bieten, für Reisende hingegen ist er aufgrund der Höhendifferenz und des blockigen Geländes zu beschwerlich. Doch das Eggishorn hat einen einmaligen Vorteil: Es liegt genau an der Biegung des Aletschgletschers und ermöglicht einen ungehinderten Blick auf den Eisstrom in dessen ganzer Länge. Malkin: «This is certainly one of the finest views that I have seen in Switzerland, and worthy of being more frequently visited.» Bereits 1841 taucht der Berg in ersten Reiseführern auf und wird als einer der schönsten Aussichtspunkte des Wallis, ja der Schweiz gepriesen. Die Touristen lassen sich nicht zweimal bitten.

Davon inspiriert, bauen die einheimischen Brüder Alexander und Franz Wellig 1856 auf der Fiescheralp das Hôtel de la Jungfrau. Das Gasthaus soll vor allem als Ausgangspunkt für das Eggishorn und den Besuch des Märjelensees dienen. Die eingangs zitierte Mrs. Cole übernachtet dort erstmals am 6. September, keine zwei Monate nach der Eröffnung – um tags darauf, teils auf dem Rücken von Pferd «Fritz», den inzwischen berühmten Aussichtsberg zu besteigen. Obwohl das Gasthaus noch nicht ganz fertiggestellt ist, schwärmt sie in ihrem Erlebnisbericht von der erlebten Gastfreundschaft. Zwei Jahre später kehrt sie nochmals ein und notiert: «This hotel has already become a favourite rendezvous of the members of the Alpine Club, who assemble here during the season in great numbers.» Berichte wie jener von Lady Cole tragen den ausgezeichneten Ruf des Hotels rasch in die Welt hinaus.

Immer öfter treffen auch waschechte Alpinisten ein, die das Hotel als Basislager für die Erkundung der Aletschregion schätzen und von dort Richtung Jungfrau oder Finsteraarhorn aufbrechen – nicht zuletzt, da die gewieften Gebrüder Wellig eigene Bergführer engagieren und den Gästen zur Verfügung stellen.

Es läuft wie geschmiert: 1861, fünf Jahre nach der Eröffnung, ist das Hotel bereits zu klein, um den Ansturm der Gäste zu bewältigen.

«Aletschgletscher mit
Jungfrau», Photochrom-
Ansichtskarte, 1893.

Eggishorn, Märjelensee und Aletschgletscher ziehen ab den 1860er-Jahren Scharen von Touristen an. Wahlweise wird die Gipfelaussicht genossen (wie im 1880 von Xaver Imfeld gezeichneten Panorama), zwischen Eisbergen gepaddelt (in einer Aufnahme Ende der 1940er-Jahre) oder eine Grusskarte mit Bergsteigermotiv verschickt (mit Eggishorn-Poststempel von 1909).

The Marjelen See — that lone Arctic lake in the middle of Europe.
Henry Schütz Wilson, *Studies and Romances*, 1873

Auch die Riederalp lockt schon früh Besucher an: Ab 1854 bietet dort ein Hotel seine Dienste an (oben links, im Zustand von 1953). Um 1860 folgt ein Gasthaus auf der Riederfurka, in der obigen Aufnahme von 1939 etwas zurückversetzt gegenüber der privaten Anlage von Sir Cassel, dessen Villa und Chalet 1923/24 in ein Hotel umfunktioniert werden.

Die Bettmeralp, anno 1916 (links) noch eine alpwirtschaftliche Sommersiedlung, erhält ihre erste Herberge dagegen erst 1931. Ein neues Kapitel wird 1950 mit der Seilbahn Mörel–Riederalp aufgeschlagen.

Riederfurke: Verbindet die Riederalp quer über das untere Ende des Grossen Aletschgletschers mit der Belalp. Die Maultiere können den Übergang über die stark zerklüftete Gletscherzunge nur sehr selten wagen. 1904 sind jedoch italienische Touristen auf diesem Weg über den Gletscher geritten.

Geographisches Lexikon der Schweiz, 1906

Rechte Seite: Auf dem Biel oberhalb der Bettmeralp. Im Sommer und Herbst wird die Region zwischen Eggishorn und Riederfurka vor allem von Wanderern besucht.

Im Innern der Bergstation auf dem Bettmergrat erzählt eine Ausstellung namens «Eiswelt» vom grossen Gletscher. Draussen umfasst die Aussicht auch Mischabel, Matterhorn und Weisshorn (oben).
Vier Bahnen erschliessen heute den Kamm zwischen Aletschgletscher und Goms, darunter jene auf die Moosfluh (mit Geisshorn im Hintergrund). Der Berg, mit dem alles angefangen hatte – das Eggishorn –, ist ebenfalls mühelos erreichbar: Seit 1968 führt eine Seilbahn von der Fiescheralp zum Vorgipfel, wo sich auch ein kleiner Restaurationsbetrieb befindet, die Horli-Hitta (unten).

Hotel Belalp, undatiert (vermutlich kurz nach 1900).

1860 – BELALP

Auf dem (...) fruchtbaren Naterser-Berg ligen verschiedene Dörfer, als Blatten Rischinon, auf der Eggen, Heimen, und zu oberst die Alp genant Bel, welche für die schönste des ganzen Lands Wallis geachtet wird.

Hans Jacob Leu, *Allgemeines Helvetisches, Eydgenössisches, oder Schweizerisches Lexicon,* 1758.

Dies ist einer der schönsten Rastplätze in den Alpen. Vor uns erstreckt sich, bis hinauf zum Eggishorn und zum Märjelensee, der lange untere Abschnitt des Aletsch, mit der grossen Mittelmoräne, die ihm über den Rücken läuft. Ganz nah ist die wilde Schlucht der Massa, in welcher die Schnauze des Gletschers auf der Lauer liegt, wie der Kopf einer Schlange.

John Tyndall, *The Forms of Water,* 1872.

Kurz nach der erfolgreichen Hotelgründung am Eggishorn eröffnet Leopold Bürcher-Anderledy 1860 – allenfalls gar schon um 1858, da sind sich die Quellen nicht einig – eine Herberge auf der Belalp, hoch über Naters. Auch bei ihm steht die Aussicht im Vordergrund: Nicht zufällig stellt Bürcher sein Hotel am äussersten Rand der Alp auf, bei einer Geländekante namens Aletschbord, von der man direkt auf den Gletscher hinaus- und hinunterblicken kann. Man mag hier zwar nicht den ganzen Eisstrom überschauen, dafür steht man ihm frontal gegenüber. Und: Die unmittelbar am Gletscher gelegenen Alphütten des Aletschji verdeutlichen durch ihre – im Vergleich zum Eis – winzigen Abmessungen auf geradezu dramatische Weise die tatsächliche Dimension des Naturschauspiels.

Das einfache Gasthaus kann noch weitere Vorzüge aufweisen, etwa die Nähe zum gut erschlossenen Städtchen Brig oder der offene Blick Richtung Süden, zu den grossen Walliser Viertausendern um Mischabel, Matterhorn und Weisshorn. Zur Attraktivität trägt auch das Sparrhorn bei, ein nahe gelegener Ausflugsberg mit Aussicht ins Oberaletschgebiet. Schon bald wird das Haus in allen Reiseführern gerühmt und von berühmten Bergsteigern besucht. So auch vom Iren John Tyndall: Vom Hotel Jungfrau über den Gletscher kommend, erreicht er am 13. August 1861 erstmals die Belalp – und ist so begeistert, dass er fortan sämtliche Sommer bis zu seinem Tod 1893 auf der Alp verbringen wird.

Nicht alle Gäste sind so fit wie der Weisshorn-Erstbesteiger Tyndall: Viele Besucher nehmen überaus gerne die Dienste eines Maultiers in Anspruch, oder lassen sich gar per Tragsessel zum Hotel befördern, was den Einheimischen einen willkommenen Verdienst beschert.

Der Erfolg stellt sich rasch ein: Bereits in den ersten Jahren müssen unangemeldete Gäste zuweilen im Speisesaal auf ausgelegten Matratzen übernachten. Das ursprünglich ein knappes Dutzend Zimmer zählende Gasthaus wird bald erweitert, die Kapazität mehr als verdoppelt.

1872 notiert Pfarrer Moritz Tscheinen in seiner Sagensammlung: «... auf dem Aletschbort erhebt sich ein stattliches Hôtel und es wimmelt dort von Gästen», und staunt: «Vornehme Herren und Frauen fahren zu Pferde über den Gletscher, den früher nur Jäger und Hirten zu betreten wagten.»

«Glacier d'Aletsch vu de Bellalp»,
kolorierte Ansichtskarte, um 1885.

Die Wirtsleute haben etwas ungemein Freundliches; ebenso alle Angestellten des Hauses, so dass es namentlich Schweizern hier recht wohl werden kann, wenn sie so geartet sind, das Vorherrschen englischer Touristen nicht als etwas Lästiges zu empfinden.

Joseph Viktor Widmann, *Spaziergänge in den Alpen*, 1892.

Das 1911 vom Genfer Landschaftsarchitekten Fernand Correvon gestaltete Tyndalldenkmal erinnert an den irischen Physiker, der sich für die Belalp und deren Bevölkerung einsetzte und von 1861 bis zu seinem Tod 1893 jeden Sommer dort verbrachte. Als Kenner der Walliser Alpen hätte er das Fletschhorn nicht mit dem Monte Leone verwechselt.

Auf der Belalp waren noch weitere Gelehrte unterwegs – wie der Botaniker und Naturschützer Carl Schröter, der sich nicht zu schade war, auf der Suche nach floristischen Raritäten über steile Wiesenhänge zu kraxeln (die Szene stammt vermutlich von 1899). Beliebt waren auch ebene Wiesen, wie die 1865er-Fotografie von Adolphe Braun vor damals noch eindrücklicher Oberaletschgletscher-Kulisse zeigt.

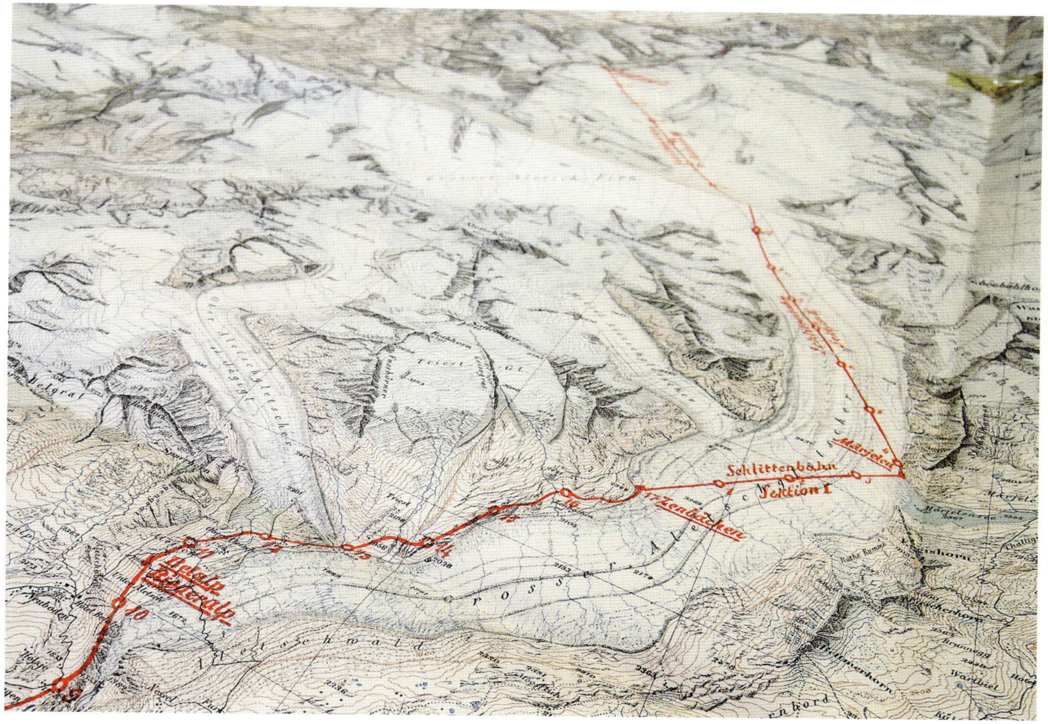

Das Hotel Belalp 1949, in einer Flugaufnahme (oben links). 1907 planten einige Unternehmer eine Zahnradbahn von Brig fast bis zur Belalp, dann dem Gletscher entlang nach Ze Bächu; von dort hätte eine Gletscher-Schlittenbahn in drei Sektionen via Konkordiaplatz das Jungfraujoch erreicht – es wäre wohl die spektakulärste Bergbahn der Welt geworden (oben rechts).

Spektakulär auch die Aussicht vom Sparrhorn, dem Hausberg der Belalp, Richtung Oberaletsch und Aletschhorn – in einem Panorama von Johann Rudolf Dill (vor 1875).

The usual starting-place for Bel Alp is Brigue, in the Rhone Valley, the terminus of the Jura-Simplon railway, 26 hours from London. Thence a mule-path (rather steep and rough in places) leads in 4—4½ hours to the Hotel.

Reverend Arthur Fairbanks, *Notes on Bel Alp*, 1893.

Rechte Seite: Die Belalp im Herbst. Am Horizont zwei äusserst prominente Bergmassive: links der Grand Combin, rechts der Mont Blanc.

Im Sommer ist die Sicht von der Kapelle am Aletschbord Richtung Gletscher nach wie vor die Hauptattraktion der Belalp. Seit der Eröffnung der Hängebrücke über die Massa im Jahr 2008 erlebt auch die einst berühmte Wanderung zur Riederfurka einen zweiten Frühling. Das grösste Fest findet Ende August statt: Dann kehren die Schafe vom Aletschji zurück (s. Seite 75) – und beim Hotel Belalp werden unzählige Käselaibe in Raclette verwandelt.

Bahnstation Jungfraujoch, 1925.

1912 – JUNGFRAUJOCH

Die Station Jungfraujoch, 3420 m hoch gelegen, wird eine der interessantesten werden (...), eine Welt ohne Leben, die Region des ewigen Schnees und Eises. Der erste Schritt zur Station hinaus führt uns direkt auf den Jungfraufirn. Mit Bequemlichkeit und ganz gefahrlos erreichen wir von hier aus das herrliche ewige Schneefeld, das, wie der Jungfraufirn, als Rennplatz für Skiläufer, Rennwolffahrer, überhaupt für jeden Schlittensport geradezu wie geschaffen erscheint. Leicht erreicht man über den Konkordiaplatz den grossen Aletschgletscher, der sich viele Stunden weit hinzieht, den herrlichen Märjelensee mit seinen schwimmenden, blauen Eisblöcken, und am Eggischhorn vorbei das Rhonetal. Es wird sich voraussichtlich von Station Jungfraujoch im Sommer ein nicht unbedeutender Verkehr nach dem Rhonetal entwickeln, da diese Touristenstrasse die kürzeste und interessanteste Verbindung zwischen dem Berner Oberland und dem unteren Rhonetal schaffen wird.

Friedrich Wrubel, *Ein Winter in der Gletscherwelt – Skizzen vom Bau der Jungfraubahn*, 1899.

Wir schreiben das Jahr 1900. Der Tourismus in der Schweiz erlebt seine funkelnde Glanzzeit. Besonders gut läuft der «Fremdenverkehr» dort, wo Bergbahnen im Spiel sind. Es herrscht Aufbruchstimmung und Zukunftsglaube, die Technik sprengt Grenzen und erobert neue Territorien, alles scheint nur eine Frage des unternehmerischen Willens (und des Geldes) zu sein. Im ganzen Land schiessen Erschliessungsprojekte wie Pilze aus dem Boden, landauf, landab fahren Maschinen und Mineure auf. Allein zwischen 1888 und 1914 werden gemäss Historischem Lexikon der Schweiz 40 Seilbahnen und 13 Zahnradbahnen errichtet.

Um die Jahrhundertwende ist der Aletschgletscher noch eine reine Walliser Attraktion. Gegen Norden, zum Berner Oberland hin, wird er durch das mächtige Bollwerk von Mönch und Jungfrau abgeschirmt. Es gibt zwar Wege, von Grindelwald aus den Gletscher zu erreichen, aber sie sind den Alpinisten vorbehalten. Doch das soll sich bald ändern. Denn im Innern des Eigers wird gebohrt und gesprengt. Das Ziel heisst Jungfrau.

Hinter der kühnen Idee, eine Bahn von der Kleinen Scheidegg bis auf den Gipfel des berühmten Viertausenders zu verwirklichen, steht der Zürcher Industrielle Adolf Guyer-Zeller, der 1894 vom Bundesrat eine entsprechende Konzession erhält. 1896 erfolgt der erste Spatenstich. Als drei Jahre später Guyer-Zeller von einer Lungenentzündung dahingerafft wird, übernehmen dessen Söhne und Mitarbeiter. Die Arbeiten ziehen sich in die Länge, nicht zuletzt wegen finanzieller Engpässe; der Weg bis zum Jungfraujoch dauert 16 Baujahre. Dort ist dann definitiv Endstation: Aus der Vision, am Bahnschalter eine Fahrkarte auf den Jungfraugipfel lösen zu können, wird also nichts. Doch auch so bleibt die Bahn ein grosser Wurf und eine technische Meisterleistung. Am 1. August 1912 erfolgt die Einweihung, bereits im ersten Betriebsjahr wollen 77 000 Passagiere aufs Jungfraujoch.

Für die meisten, die mit den schönen Kleidern, ist die Fahrt zum Gletscher die Krönung eines grossen Ausflugs; für die anderen, die mit Seil und Eispickel, der Auftakt zu einer grossen Tour. So ist es bis heute geblieben.

«Jungfrau-Joch 3457 m»,
kolorierte Ansichtskarte,
um 1920.

Wenig Auslauf: Auf dem hochalpinen Jungfraujoch ist die Bewegungsfreiheit für Nichtalpinisten eng begrenzt. Schon früh bot man den Besuchern deshalb Möglichkeiten, die Natur in unmittelbarer Nähe der Bahnstation zu erleben. Dazu gehörten das Skifahren, das Verweilen auf dem Firnplateau, eine Fahrt mit Schlittenhunden oder eine künstlich errichtete Gletscherhöhle.

Viel Aussicht: Das Publikum versammelte sich gerne auf dem Balkon, um den unverglasten Blick auf den Aletschgletscher zu geniessen. Vor Witterung und Kälte geschützt waren dagegen der gediegene Speisesaal und die schmucken Zimmer im «Haus über den Wolken» – bis 1972 die ganze Anlage niederbrannte.

Jungfraujoch 3450 Meter ist im Begriffe, sich zum Sportplatz zu entwickeln (...). Der Jungfraufirn zu Füssen der Station bis hinunter zum Konkordiaplatz bietet jahrein jahraus ungefährliche Ski- und Schlittelfelder. Von einem «Wintersport» im eigentlichen Sinne wird man in Anbetracht, dass man auf dieser Höhe ja das ganze Jahr im Winter, in Schnee und Eis steckt, nicht mehr reden können; vielleicht ist «Schneesport» der richtigere Ausdruck! Herrliche Abfahrten bieten sich an den stets verschneiten Flanken der Jungfrau, des Kranzberges und des Mönchs, für Anfänger wie Vorgerückte gleich geeignet. Wohl wird im Hochsommer der Schnee gelegentlich und stellenweise – namentlich da, wo er intensiver Sonnenbestrahlung ausgesetzt ist, etwas hart werden, dann stellt man eben seine Ski beiseite und greift zum «Davoser» oder gar «Bob»!

Neue Zürcher Zeitung, 1. März 1913.

Das Jungfraujoch ist beliebter denn je – sei es, um sich gegenseitig vor dem «Top of Europe» zu fotografieren, vor dem Aletschgletscher freudig zu hüpfen oder an Spalten vorbeizuflitzen. Gut besuchte Stationen sind auch die Sphinxplattform mit Blick zum Mönch und die Eiger-Mönch-und-Jungfrau-Schneekugel im Berginnern. Doch für einen kleinen Anteil der Besucher ist das «Joch» bis heute vor allem eines: ein bequemer Ausgangspunkt für Hochtouren im Aletschgebiet.

Interieur der fünften Unterkunft am Konkordiaplatz: «Gustav-Hasler-Hütte», um 1915.

VOM FELSLOCH ZUR SAUNASUITE – DIE GESCHICHTE DER BERGHÜTTEN

Als sich die ersten Alpinisten vor über 200 Jahren in die Aletschregion wagen, ist das Übernachten eher eine logistische Herausforderung denn eine wohlige Angelegenheit. Vornehme Herrschaften und rustikale Führer basteln gemeinsam notdürftige Biwaks am Gletscherrand zusammen, teils mit vorgefundenen Steinen, teils mit Stöcken und Planen. Manchmal gibts sogar mitgebrachte Wolldecken. Aber grundsätzlich wird gefroren.

Drehscheibe Konkordiaplatz

Der erste Schritt hin zu einer dauerhaften und behaglichen Unterkunft ist die Herrichtung zweier natürlicher Felshöhlen am Faulberg, ungefähr zwanzig Minuten südöstlich der heutigen Konkordiahütte, im Jahr 1856. Jungfrau und Finsteraarhorn werden fortan von hier aus bestiegen. Die grössere der beiden Höhlen kann fünf bis sechs Personen aufnehmen. Die Platzverhältnisse sind aber ausgesprochen bescheiden, die Feuchtigkeit stets ein Problem.

Um seiner Kundschaft mehr Komfort zu bieten, errichtet der Eggishorn-Hotelier Alexander Wellig 1865 unterhalb der Höhlen eine Schutzhütte mit Trockenmauerwerk und Schindeldach. Gemäss Alpine Journal «an excellent hut», und weiter: «Die Hütte kann sechs Personen komfortabel beherbergen, und ist mit einem Ofen, Pfannen, Tassen und anderen Kochutensilien ausgestattet, dazu sieben Decken und ausreichend Stroh.»

Zehn Jahre später stellt die gleiche Zeitschrift fest: «Die Faulberghütte ist, so glaube ich, in akzeptablem Zustand bezüglich Sauberkeit und Mobiliar, bedarf aber irgendwie einer baulichen Verbesserung. Sie ist auch viel zu klein für den an sie gerichteten Bedarf während der alpinistischen Hochsaison.»

Emil Cathrein, Welligs Nachfolger beim Hotel am Eggishorn, lässt sich nicht zweimal bitten und baut 1877 etwas gletscheraufwärts eine neue Hütte. Der mit Unterstützung des Schweizer Alpen-Clubs (SAC) erstellte Steinbau umfasst zwei Zimmer plus Dachboden, was für zwanzig Personen reicht. Ein langes Ofenrohr erlaubt gar, die Räume zu beheizen. Die Hütte ist gut besucht, manchmal zu gut, wie sich Daniel Baud-Bovy 1898 erinnert: «Bei unserer grossen Zahl war es nämlich unmöglich, dass sich Jeder nach Wunsch legen konnte; man hatte sich entschliessen müssen, im Profil auf der rechten Seite zu liegen: ‹wie Sardinen›, meinte Einer. So war Jeder zwischen der Brust eines Hinter- und der Schulter eines Vordermannes eingezwängt; natürlich teilte sich die mindeste Bewegung, z.B. wenn Einer gähnte, der ganzen so eingepferchten Gesellschaft mit, und unterdrückte Lachsalven, die am Rande anfingen und sich wellenartig weiterpflanzten, störten den beginnenden Schlaf eines der unsrigen und zweier Neuenburger-Clubisten, deren Bewegungen dann wieder durch die Ingenieure weitergegeben wurden und zu uns gelangten.»

Also erweitert Cathrein 1898 das Angebot um ein zweites Gebäude, den sogenannten Pavillon Cathrein, mit deutlich höherem Ausbaustandard: 14 Plätze, verteilt auf 10 Zimmer, dazu separate Essräume für Gäste und Führer. Die Besucher haben nun die Wahl zwischen einer bescheidenen Clubhütte und einem schicken Berghotel – eine Konkurrenzsituation, die nicht allen beim SAC passt.

1908 fügt die SAC-Sektion Grindelwald – wiederum mit Hilfe von Emil Cathrein – eine weitere Unterkunft hinzu, die Gustav-Hasler-Hütte. Der Name wird sich nicht durchsetzen, aber die 40 Schlafplätze sind höchst willkommen. Damit stehen beim Konkordiaplatz auf engstem Raum gleich drei sehr unterschiedliche Hütten nebeneinander.

1946 übernimmt der SAC den Pavillon und führt die Hütten seither als Einheit. Sie stehen alle noch: die 1877er-Hütte als Warenlager, die Haslerhütte als Winterraum und Dépendance bei Andrang, und der – mehrmals ausgebaute und kaum mehr erkennbare – Pavillon als eigentliche Haupthütte.

Die erste Schutzhütte am Faulberg (1865, links) existiert noch – als Ruine. 1877 folgte am Konkordiaplatz ein gedrungener Steinbau, der 1898 um den schönen Pavillon Cathrein ergänzt wurde (ganz oben).

Die heutige Anlage umfasst ein längliches, aus dem Pavillon entstandenes Hauptgebäude, unmittelbar darunter die erste Steinhütte und dahinter die braun geschindelte «Gustav-Hasler-Hütte» von 1908 (oben).

Wo seit 1979 die Mönchsjochhütte steht – auf satten 3657 Metern Höhe (siehe Seite 154) –, hatten Grindelwaldner Führer bereits 1865 einen glücklosen Anlauf unternommen.

Ein Stützpunkt im Norden

Auch im Norden hegt man den Wunsch nach einer Hütte am Weg zum Aletschkessel. «Allmählich fanden es die Führer von Grindelwald in ihrem wohlverstandenen Interesse, in der gleichen Region, aber mehr auf ihrer Seite, auch eine solche zu erstellen. Sie wählten den Platz in den Felsen des Mönch, etwa 400–500 Fuss über der Höhe des Mönchsjochs. Das geschah 1865. Doch wurde nur das Mauerwerk fertig gebracht und die Thürpfosten dreingefügt; die Thüre wurde zu besserem Schutz hineingelegt und mit den nöthigen Dachladen sorgfältig zugedeckt; das Dach blieb unvollendet (...). Die den Stürmen wirklich ausgesetzte Lage jener Hütte war denn auch der Grund, warum die Führer über ihre Vollendung sich nie zu einigen vermochten; sie blieb unvollendet.» So berichtet der Berner Rudolf Gerwer 1873 im Jahrbuch des SAC.

1869 wagen die Führer einen neuen Anlauf und bitten die Sektion Bern des SAC um Unterstützung. Die Hütte soll nun beim Bergli zu stehen kommen, einem Felssporn nördlich des Unteren Mönchsjochs, auf rund 3250 Metern. Ein Jahr später geht die Berglihütte mit vier bis fünf Schlafplätzen in Betrieb.

Wie so viele Hütten jener Zeit ist auch sie bald zu klein, zudem erweist sich der Standort als ungeeignet. In zwei Etappen werden Lage und Grösse angepasst, ab 1904 stehen auf 3299 Metern ganze 30 Schlafplätze zur Verfügung, die auf regen Zuspruch stossen. Auf so regen, dass sie 1911 mit über 1000 Übernachtungen zu den meistbesuchten Hütten der Berner Alpen gehört – doch da ist ihr Untergang schon vorgezeichnet: Denn ein Jahr später taucht mit der Jungfraubahn starke Konkurrenz auf. Die Alpinisten, oder zumindest jene, die es sich leisten können, starten fortan direkt vom Jungfraujoch. Die nun weitgehend überflüssige Berglihütte, in der plötzlich nur noch rund 100 Personen pro Jahr einkehren, wird nicht mehr erweitert.

Und so ist sie, ein Glücksfall für Nostalgiker, weitgehend im Zustand von 1904 geblieben. Mit durchschnittlich etwa 60 Übernachtungen pro Jahr weist sie heute die niedrigste Auslastung aller 152 SAC-Hütten auf.

Eine Hütte zuoberst auf der Jungfrau?

Vermutlich wäre heute sogar die Gipfelhütte auf der Jungfrau besser besucht – wenn es sie denn gäbe. Eine solche schwebt nämlich dem britisch-bernerischen Philipp Charles Gosset vor. «Zweck eines solchen Baues wäre, Touristen, die zu später Tageszeit erst den Gipfel erreichen, ein Nachtquartier, oder solchen, die bei der Ankunft auf demselben wenig Aussicht finden, Gelegenheit zu bieten, die Vertheilung der Wolken bequem abzuwarten (...) durch ingeniös konstruierte zweistöckige Pritschen könnten im Nothfall 32 Mann darin Unterkunft finden» zitiert ihn die Schweizer Alpen-Zeitung 1887, nicht ohne anzufügen: «Einstweilen bleibt die Sache nur Projekt, da ja noch der grösste Theil des nöthigen Geldes fehlt.»

Die Frage des Nachtquartiers an der Jungfrau hält sich noch lange: Als der SAC 1912 in einem «Bebauungsplan» seine künftige Hüttenstrategie formuliert, ist weiterhin von einer Jungfrauhütte die Rede – nun nicht mehr auf dem Gipfel, sondern etwas weiter unten beim Rottalsattel. Das Projekt wird gar der Kategorie «1. Dringlichkeit» zugeordnet. Es sollte, wie wir heute wissen, Makulatur bleiben.

Die Berglihütte. Ganz oben die erste Hütte von 1870, darunter der 50 Meter höher errichtete Bau von 1904. Wie die heutigen Bilder zeigen, hat sich in den letzten gut 110 Jahren kaum etwas verändert.

Die aktuelle Oberaletschhütte (rechts). Einige Dutzend Meter darunter befindet sich die allererste Unterkunft (unten links), die von 1890 stammt und bis heute als Winterhütte im Einsatz steht. Nicht bewähren konnte sich die Hütte am Torberg (unten rechts, anlässlich der Einweihung 1925), die als Nachfolgerin geplant war und bereits 1926 von einer Lawine weggefegt wurde.

Das Oberaletsch rückt näher

Nachdem der Grosse Aletschgletscher erschlossen ist, liegt es für den SAC nahe, auch im zweiten grossen Talkessel, dem Oberaletsch, für eine alpinistische Unterkunft zu sorgen. Die Sektion La Chaux-de-Fonds übernimmt die Initiative und sucht nach einem geeigneten Bauplatz. In Betracht gezogen wird auch die Südflanke des Unteren Torbergs, nordwestlich des Zusammenschlusses von Oberaletsch- und Beichgletscher, doch zuletzt obsiegt der Standort im grossen Knick des Oberaletschgletschers. Ab 1890 steht dort, auf 2619 Metern und damals nahezu auf Gletscherniveau, eine 14-plätzige Hütte.

Als sie die Besucherzahlen nicht mehr zu bewältigen vermag, wird ein Neubau beschlossen – nun aber am einst verworfenen Torberg, gegenüber des aktuellen Standorts. Die 24-plätzige Hütte heisst neu Cabane Alexandre Bernoud, in Erinnerung an einen ehemaligen SAC-Zentralpräsidenten. Am 29. August 1925 findet auf 2745 Metern die Einweihung statt: «Wir haben diese Hütte nahe der ewigen Gipfel gebaut. Sie ruht auf Fels und besteht aus Granit, und sie wird dem Wind ebenso zu trotzen wissen wie dem Sturm.» Gemäss «Journal de Genève» soll sie auch vor Lawinen sicher sein.

Als am folgenden 26. Mai Hüttenwart Anton Bamatter aufsteigt, um das erste richtige Betriebsjahr einzuleiten, ist die Hütte weg. «Abgesehen von den gefundenen Decken ragen bloss vereinzelte Trümmer aus dem Gletscher», bestätigen Sektionsvertreter wenige Tage später. Als Ursache für die Zerstörung wird die Druckwelle einer Lawine vom gegenüberliegenden Nesthorn vermutet.

Der alte Standort ist also doch besser: 1929 eröffnet die Sektion wenig oberhalb des ersten Hüttleins ihre zweite Cabane Bernoud. Als Erstes geht der Name unter, für die meisten Besucher ist sie einfach die Oberaletschhütte. Dann, 1971, brennt sie vollständig nieder – zwei Jahre später steht sie wieder. An Schicksalsschlägen mangelt es bis heute nicht: 2005 erfordert der Gletscherschwund den aufwendigen Bau eines völlig neuen Hüttenwegs, der 2015 wegen Steinschlag temporär gesperrt werden muss. Bloss die Urhütte von 1890 trotzt aller Unbill: Unprätentiös und zuverlässig steht sie weiterhin als Winterhütte im Einsatz.

Oberhalb der Lötschenlücke klebt die Hollandiahütte auf einer Felskanzel. Ihre Vorgängerin (unten) befand sich am gleichen Standort, hiess aber noch Egon-von-Steiger-Hütte.

Niederlande auf 3240 Metern

Bereits die ersten Besteiger der Jungfrau waren 1811 über die Lötschenlücke ins Aletschgebiet gelangt. Was lag näher, als dort einen Vorposten zu bauen? 1907 ist es so weit, die Sektion Bern des SAC eröffnet etwas nördlich des Gletschersattels die Egon-von-Steiger-Hütte – benannt nach einem Berner Bergsteiger, der 21-jährig am Balmhorn abstürzte und zuvor ein Legat für einen Hüttenbau hinterlassen hatte.

«Während ihrer 28jährigen Lebensdauer blieb diese Hütte eigentlich immer das Sorgenkind der Sektion (...) auf dieser gefürchteten Wetterlücke machten sich die Mängel einer nicht sorgfältig ausgeführten Konstruktion immer mehr bemerkbar», so die Sektionschronik 1937. Und weiter: «Einen gewaltigen Aufschwung nahm die Touristik in diesem Gebiet mit dem Aufkommen der Frühjahrs-Skifahrten. Mit nicht geringen Besorgnissen mussten wir zusehen, wie seit 1925 immer mehr Skifahrer eine Hütte aufsuchten, die den Anforderungen für den strengen Winter gar nicht zu genügen vermochte.»

Eine vollständig neue Hütte muss also her. Da der Niederländische Alpenverein mehr als ein Drittel der Kosten übernimmt, heisst sie neu Hollandiahütte. 60 Plätze «mit Patent-Federmatratzen» stehen nun zur Verfügung.

Weitere Neu- und Umbauten folgen, derzeit kann sie komfortabel 70 Personen beherbergen. Bis heute gehört sie zu den schweizweit bloss etwa 10 SAC-Hütten, die während der Skitourensaison deutlich mehr Übernachtungen verzeichnen als im Sommer.

Ruinen einer Armeebaracke in der Flanke des Trugbergs (unten). Kaum viel grösser ist das Mittelaletschbiwak, aber durchaus komfortabel und ein wertvoller Stützpunkt auf dem Weg zum Aletschhorn (rechts).

Rechte Seite: Die Anenhütte, mit Blick zur Lötschenlücke, ist die modernste und luxuriöseste aller Hütten im Gebiet. Fast verloren wirkt dagegen im frisch verschneiten Geröll das niedliche Fusshornbiwak. Solides Holzhandwerk verrät schliesslich die Gletscherstube am Märjelensee.

Vom Jungfraujoch zum Mönchsjoch

Ab 1912 ist das Jungfraujoch nicht nur per Bahn erschlossen, sondern verfügt auch über eine Unterkunft – ein einfaches Touristenhaus zwar, mit Matratzenlagern, aber immerhin. 1924 folgt ein schickes Berghaus, in Werbebroschüren als «Haus über den Wolken» vermarktet. Nachmittags bequem anreisen, auf 3460 Metern übernachten, tags darauf auf die Jungfrau und dann in grossen Schwüngen ins Lötschental hinunterkurven – wie praktisch! Nicht erstaunlich also, dass die Bergsteiger das Jungfraujoch und dessen Gasthäuser rasch ins Herz schliessen und zu allen Jahreszeiten besuchen. Das wäre auch heute noch der Fall, wären die beiden Häuser 1972 nicht niedergebrannt. Seither kann man als Tourist auf dem Jungfraujoch nicht mehr übernachten – das Privileg steht nur noch Forschern und Bahnangestellten zu.

Der Bergführerverein Grindelwald erkennt die Chance und baut 1979 nur eine knappe Stunde vom Jungfraujoch entfernt eine völlig neue Hütte – am Mönchsjoch, wo er 1865 gescheitert war. Das halb auf Stelzen ruhende Gebäude muss einiges aushalten können: Die exponierte Passlage, auf respektablen 3657 Metern Höhe und mitten auf einer grossen Wetterscheide, ist nicht unbedingt das, was man einen windgeschützten Standort nennen möchte.

Baracken, Biwaks, Berggasthäuser

Während des Zweiten Weltkriegs interessiert sich selbst die Schweizer Armee für die eisige Einöde. «In der Umgebung des Jungfraufirnes-Konkordiaplatzes finden sich 8 Felssporne, welche geologisch zum Bau von unterirdischen Räumen in Frage kommen», ist in einem Rapport der Armee aus dem Jahr 1943 zu lesen. Bald darauf ist nicht mehr von Kavernen die Rede, sondern von oberirdischen Unterkunftshütten. Von einer Stelle am Fuss des Trugbergs, die durch einen kleinen Felsüberhang geschützt ist, erwähnen die Armeegeologen: «In taktischer Hinsicht bietet der vorgeschlagene Platz einen besonders guten Schutz gegen Luftbombardierung.» Gebaut werden schliesslich je eine Holzbaracke am Trugberg-Südsporn, beim Lauitor – sie stehen noch beide – und dort, wo sich heute die Mönchsjochhütte befindet, alle für etwa acht Personen ausgelegt. Was die Armee damit bezweckte? Wir haben es nicht herausgefunden.

Nützlicher erscheinen uns da andere Hütten aus den letzten 40 Jahren:

Das **Mittelaletschbiwak,** von der SAC-Sektion Diablerets 1977 am Fuss des Kleinen Dreieckhorns auf

3013 Metern gebaut. Es ist: schlicht, stimmungsvoll und spektakulär gelegen. Wer hier einkehrt, hat meist das Aletschhorn vor Augen, diesen Koloss von einem Viertausender, und will sich an der Route der Erstbesteiger versuchen.

Die **Gletscherstube** auf der Märjelenalp, eine eher auf Wanderer, Biker und Tagesgäste ausgerichtete Hütte, Jahrgang 1984. Ihre Entstehung ist nicht frei von Nebengeräuschen, gilt doch – gemäss Beschluss der Walliser Regierung von 1938 – für die Umgebung des Märjelensees ein absolutes Bauverbot. Umweltverbände protestieren, Medien berichten, die Bundesbehörden verfügen den Abbruch der Hütte, doch der Besitzer, der prächtig vernetzte Politiker Herbert Volken, weiss sich zu wehren. 1989 gibt der Bundesrat nach, nicht zuletzt, weil ein Abbruch die Eidgenossenschaft über eine halbe Million Franken gekostet hätte.

Die **Anenhütte** im hinteren Lötschental, auf dem Weg zur Lötschenlücke. Sie wird 1995 vom örtlichen Bergführerverein erbaut, doch nicht alles läuft rund, 2005 muss sie aus finanziellen Gründen versteigert werden. Bergführer Peter Tscherrig übernimmt. 2007

fegt eine Staublawine alles weg, Tscherrig lässt sich nicht beirren und baut sie wieder auf – aber nach völlig neuem Konzept, als exklusive Berghütte. Das Angebot reicht vom traditionellen Gruppenzimmer bis zur Wellness-Suite mit eigener Sauna und Whirlpool.

Und schliesslich das **Fusshornbiwak**, am Fuss der gleichnamigen Hörner. Auch in diesem Fall geht die Initiative von einem Bergführerverein aus, jenem der Belalp, der 1996 diesen heimeligen Stützpunkt für Kletter- und Skitouren zwischen Aletsch- und Oberaletschgletscher schafft. Mit einem Dutzend Schlafplätzen ist es das kleinste Refugium im ganzen Gebiet – in der grössten und ältesten Hütte der Region, der Konkordia, hätten die 12 Personen 13-mal Platz.

Die Staumauer Gibidum.

DAS WASSER

Vor allem beim Konkordiaplatz durchziehen viele kleine Bäche die Gletscheroberfläche (unten).

Rechte Seite: Fast 80 Quadratkilometer gross, bis 900 Meter tief, 14 Milliarden Kubikmeter Eis – ein Viertel des gesamten Eisvolumens der Schweiz –, 12 500 Milliarden Liter gespeichertes Wasser. Wer kann sich solche Dimensionen vorstellen? Blick talauswärts zum Eggishorn.

FLUTEN, SUONEN UND TURBINEN – DIE WEGE DES GLETSCHERWASSERS

Gletscher sind nicht bloss Augenweiden, Sinnbilder fürs Hochgebirge und mächtige Landschaftsgestalter. Sie sind auch natürliche Wasserreservoirs. In der Schweiz sogar ziemlich wichtige: Während das Grundwasser hierzulande ungefähr 150 Milliarden Kubikmeter Süsswasser speichert und die Seen 130, kommen die Gletscher ungefähr auf deren 60 – also auf stattliche 60 000 Milliarden Liter Wasser, die derzeit als Eis zwischengelagert sind. Drei Viertel davon im Wallis.

Da liegt ein Vergleich zwischen Gletschern und Seen nahe. Zum Beispiel zwischen dem Aletschgletscher und dem Vierwaldstättersee, die mit ihren Armen ähnlich stark verästelt sind. Obwohl der See eine rund 40 Prozent grössere Fläche aufweist, sind sie in Sachen Volumen ziemlich gleichauf. Das hängt damit zusammen, dass der Gletscher eben tiefer oder «dicker» ist: An seiner mächtigsten Stelle, beim Konkordiaplatz, misst er etwa 900 Meter, während es der Vierwaldstättersee auf maximal 214 Meter bringt. Wir dürfen uns den Aletschgletscher also nicht als eine dünne Eisschicht vorstellen; in Wirklichkeit ist er ein komplexes Gebilde und tiefgründiger als sämtliche Seen in der Schweiz (ja sogar Europas). Frappant ist noch ein anderer Vergleich, jener mit den Fliessgewässern: Unser Gletscher speichert etwa 50-mal so viel Wasser wie alle Schweizer Hauptflüsse, Nebenflüsse und Bäche zusammen.

Damit ist der Aletschgletscher ein enormer Puffer: Selbst wenn es in der Schweiz plötzlich nie mehr regnete, würde er bis zu seinem vollständigen Abschmelzen noch jahrzehntelang Wasser abgeben. Umgekehrt legt er nicht so schnell zu, wenn es mal ein paar Jahre lang kälter und regnerischer ist als üblich. Bedingt durch seine schiere Grösse reagiert er nur träge auf die klimatischen Einflüsse – wie ein Supertanker, der auch nicht bei der erstbesten Strömungsänderung gleich vom Kurs abkommt.

Alles gespeicherte Wasser fliesst früher oder später bei der Gletscherzunge als Bach heraus. Schauen wir uns diesen Bach namens Massa etwas genauer an. Sein Wasser ist milchig, weshalb man auch von

Bei der hydrologischen Messstation unterhalb der Gletscherzunge fliesst selbst im Hochwinter stets etwas Wasser.

Rechte Seite: So blau die tief eingeschnittene Massa von oben auch aussehen mag: Die Trübung durch die mitgeführten Sedimente bleibt stets gut erkennbar.

Gletschermilch spricht. Die Trübung stammt von mitgeführten Sedimenten wie Sand und Ton – die nichts anderes sind als Gestein, das unter dem 13 Milliarden Tonnen schweren Gletscher Tag für Tag, Nacht für Nacht zermahlen wird. Gletschermilch ist also das Resultat der Erosion, wirkt ihrerseits aber auch stark schleifend, wie die eindrückliche Massaschlucht beweist, die vom Wasser im Laufe der Jahrtausende aus kompaktem Gestein herausgefräst wurde.

Mal viel, mal wenig – und stets eiskalt

Rund zweieinhalb Kilometer unterhalb der Gletscherzunge befindet sich eine hydrologische Station. Sie erfasst rund um die Uhr den Abfluss der Massa, die an dieser Stelle bereits das Wasser des Oberaletschbachs aufgenommen hat. Im Jahresdurchschnitt werden hier rund 15 Kubikmeter pro Sekunde gemessen, doch die Wassermenge variiert im Laufe des Jahres sehr stark.

Dass Gebirgsbäche im Sommer besonders viel Wasser führen, weiss im Alpenraum jedes Kind – und weiss auch weshalb. Die Tatsache fiel auch dem deutschen Gelehrten Johannes Stumpf auf, der 1548 in seiner helvetischen Chronik zur Massa notierte: «Summers zeyt ist es gross und trüb so der firn von schnee schmilzt, wie dann gemeinlich alle wasser dises lands so auss den Gletschern lauffen trüb und ungestüm sind».

Ein Befund, der von der Messstation bestätigt wird. Während der kalten Jahreszeit, von November bis April, fliesst kaum mehr als ein Rinnsal durch die Anlage. Im Mai und Juni sorgt die Schneeschmelze für einen markanten Anstieg der Abflussmengen. Am meisten Wasser fliesst aber im Juli und August, je nach Witterung auch im September, wenn das Eis schmilzt. Dann werden Spitzen von bis zu 120 m^3/s erreicht, was dem Inhalt von 600 randvollen Badewannen entspricht. Pro Sekunde!

Zum Baden eignet sich das Wasser aber kaum: Bei der Messstation, die doch ein gutes Stück vom Gletscher entfernt ist, beträgt die Temperatur im Jahresdurchschnitt 1 Grad und erreicht während der sommerlichen Eisschmelze höchstens mal 2 Grad.

Und wie wird die Zukunft aussehen? Die Klimaforscher gehen davon aus, dass die Temperatur in den Schweizer Alpen in den nächsten Jahrzehnten – je nach Entwicklung – um 2 bis 3 Grad ansteigen wird, und die durchschnittliche Schneefallgrenze um rund 500 Meter. Der Niederschlag soll insgesamt abnehmen und sich vermehrt in den Winter verschieben, während die Sommer deutlich trockener werden. Für den Aletschgletscher bedeutet dies: Er wird weniger Schnee erhalten, die Schmelzsaison wird länger andauern und intensiver sein. Deshalb dürfte der Abfluss zunächst anschwellen, nach 2050 aber – infolge des zunehmend geschrumpften Gletschers – wieder abnehmen.

Der Märjelensee in einem Stahlstich von Caspar Ulrich Huber (1867) nach einer unbekannten fotografischen Vorlage. Unten die älteste bekannte Aufnahme des Sees, ein Werk des Franzosen Camille Bernabé vom 4. September 1850.

DER MÄRJELENSEE – IDYLLE UND GEFAHR

Wie jeden Sommer weilte John Tyndall 1872 auf der Belalp. Am 2. August stieg er mit zwei Kollegen zur Zunge des Aletschgletschers hinab, um den obersten Abschnitt der Massaschlucht zu besuchen. Das grosse Spektakel bot sich dem Grüppchen indes erst am Schluss des Ausflugs: «Bei unserer Rückkehr zur Bel Alp sahen wir die Hausangestellten des Hotels sich aus den Fenstern hinauslehnen und aufgeregt Richtung Gletscher blicken. Von dort ertönte ein Geräusch, das an einen tosenden Wasserfall erinnerte. Die Dienstboten meinten, der Märgelin-See müsse ausgebrochen sein. So war es. Zunächst floss das Wasser unter dem Gletscher; aber an einem Punkt etwa auf halbem Weg zwischen der Bel Alp und dem Aeggischhorn schoss es auf der Seite des Aeggischhorns hinaus und bildete einen Sturzbach zwischen dem Gletscher und der Bergflanke. An gewissen Stellen war der Fluss mehr als fünfzig Meter breit, an anderen verengte er sich zu weniger als einem Fünftel dieser Breite. Hier und dort bildeten sich zwischen aufeinanderfolgenden Gletscherabsätzen Wasserfälle grosser Höhe, der Wildbach sprang mit unbeschreiblicher Wucht von Absatz zu Absatz und schleuderte eine Gischtwolke in die Luft.»

Bald darauf «tauchte die Front des Sturzbachs auf der gegenüberliegenden Talseite auf, alles, was nicht fest war, vor sich schiebend; gleich anschliessend sauste sie durch jene Mulde, die wir wenige Stunden zuvor gequert hatten. Bei der Gletscherzunge hatten mich die Grösse des Eisgewölbes sowie die Kraft und Wassermenge der Massa beeindruckt, aber ich hatte mir die riesigen Eisblöcke nicht erklären können, die sie unaufhörlich mitführte. Zweifellos hatte es bereits vor

Ein eisgestauter See

Das Regen- und Schmelzwasser, das im Talkessel der Märjelenalp anfällt, würde aufgrund der Geländeneigung Richtung Westen abfliessen. Dort steht ihm allerdings der Aletschgletscher im Weg, sozusagen als natürlicher Damm, und so wird das Wasser zu einem See gestaut. Die Staumauer aus Eis ist allerdings nicht immer dicht wie Beton: Ab und zu bilden sich im Gletscher Risse und Kanäle, durch die das Wasser abfliessen kann. Manchmal still und leise, manchmal plötzlich und heftig. Anno 1878 erreichte der See mit einer Länge von fast 1,7 Kilometern seine grösste Ausdehnung und fasste 11 Mio. m^3 Wasser, mehr als der heutige Stausee Gibidum bei vollständiger Füllung.

Seit mehreren Jahrzehnten ist der Gletscher derart abgesunken und undicht geworden, dass er keinen richtigen See mehr zu stauen vermag, sondern höchstens noch einen kleinen Tümpel, der meist schon nach wenigen Tagen bereits wieder abfliesst – ohne Schäden anzurichten.

Im See trieben bis zu
60 Meter hohe Eisberge.
Doch die grossen Namen
der Bergfotografie hielten
ihn meist nach einer Entleerung fest: Vittorio Sella
(links, 1884), Adolphe Braun
(unten links, 1865), Jules
Beck (unten rechts, 1878).

In den Jahren 1907/1908 wurden am Ufer des Märjelensees Pegel installiert, um dessen Volumen und Schadenspotenzial zu ermitteln (rechts). Die heutigen Teiche stauen sich jedoch nicht mehr am Eis, sondern füllen lediglich Untiefen im Gelände aus. Die Gefahr ist damit vorbei; geblieben ist die landschaftliche Schönheit.

der grossen Flutwelle einen teilweisen Ausbruch gegeben. Die Rhone war stark angeschwollen, Äcker wurden beschädigt oder zerstört, und der Kutscher war völlig verdutzt, plötzlich und ohne ersichtlichen Grund auf der Kantonsstrasse in meterhohem Wasser zu stehen.»

Tyndall, als Physiker und Gletscherforscher längst abgebrüht und weltberühmt, war offensichtlich schwer beeindruckt von der zerstörerischen Kraft des Ausbruchs. Was ihn aber nicht davon abhielt, den See wenige Zeilen später, ganz idyllisch, als «one of the most beautiful objects in Switzerland» zu bezeichnen.

Idylle und Gefahr zugleich – das war der Märjelensee zu Tyndalls Zeiten. Die Touristen gaben sich entzückt und bewunderten die vielen grossen und kleinen Eisblöcke, die sich vom Gletscher lösten und als Eisberge im Wasser trieben. Und wunderten sich vielleicht, wenn bei einer plötzlichen Seeentleerung, wie am 8. August 1864, ein Ruderboot vom Gletscher eingesogen und verschluckt wurde.

Anders die Einheimischen: Für sie war der Gletschersee kein Schauspiel, sondern eine stete Bedrohung. Im 19. Jahrhundert brach er im Schnitt alle zweieinhalb Jahre aus: Historische Aufzeichnungen erwähnen allein zwischen 1813 und 1907 gegen 40 Wasserausbrüche, die manchmal glimpflich, zuweilen aber auch heftig ausfielen und immer wieder Schäden im Rhonetal verursachten.

Wie die Ansichtskarte um 1900 zeigt, erstreckte sich der Märjelensee bis zur Schwelle zum Fieschertal. In diese Schwelle grub man 1829 einen Stollen, um bei einem Hochstand einen Teil des Wassers nach Fiesch ablaufen zu lassen.

Das Wasser benötigte dabei eine gewisse Zeit, um vom See bis zur Gletscherzunge und ins Tal zu gelangen, manchmal bis zu 30 Stunden. Man erzählt, dass die Hirten auf Märjelen verpflichtet waren, beim Anzeichen eines drohenden Ausbruchs nach Naters zu rennen und dort Alarm zu schlagen. Und dass jener, der als Erster in Naters ankam, als Belohnung ein Paar neue Schuhe erhielt.

Um die zerstörerische Kraft des Wassers zu bändigen, baute man bereits 1829 zwei künstliche Gräben Richtung Fieschertal: einen kleineren, der einige Bäche nördlich der Märjelenalp sammelte und nach Osten ablenkte, und einen etwas grösseren, der als künstlicher Überlauf den Höchststand des Sees um rund 4 Meter verminderte. Besonders erfolgreich waren die Gräben allerdings nicht. 1895 folgte ein gut 500 Meter langer Stollen, der das maximale Seevolumen noch weit stärker begrenzte. Er kam indes nur einmal zum Einsatz, 1896, als während sechs Wochen Wasser ins Fieschertal abfloss. Seither erreichte der See nie mehr das Niveau des Stollens. Denn dank des rasch fortschreitenden Gletscherschwundes am anderen Seeufer entspannte sich die Gefahrenlage auf so natürliche Art, wie sie einst entstanden war. Die früher gefürchteten Seeausbrüche sind seit einem Jahrhundert Vergangenheit – und schon fast vergessen.

Zum Beispiel 1892

Wie die Entleerungen des Märjelensees abliefen, lässt sich gut anhand eines konkreten Falls nachvollziehen. Nehmen wir das Jahr 1892. Anfang Juli ist der See fast voll, nur gerade sieben Meter fehlen zur Rekordmarke. Am Freitag, dem 8. Juli, beginnt sich der Seespiegel allmählich abzusenken – im Laufe des Tages um einen Meter, bis zum Samstagmorgen um weitere zweieinhalb Meter. Gegen drei Uhr nachmittags setzt eine rasche Entleerung ein. Um 15.52 Uhr telegrafiert Ludwig Salzmann, Gemeindepräsident von Naters, von der Belalp aus: «Märjelensee strömt seit einer Stunde und noch fortwährend über den Aletschgletscher herunter.» Am Samstagabend liegt das Seebecken vollständig leer da. Im Laufe der Nacht steigen die Pegel im Rhonetal an: zunächst in Brig um zwei Meter, nach Mitternacht im weit entfernten Sitten immer noch um beachtliche 1,5 Meter. Am Sonntagmorgen kommt die «Flutwelle» – mit nun noch 35 Zentimeter – bei der Messstation Porte du Scex an, kurz vor der Mündung der Rhone in den Genfersee, derweil der Pegel bei Brig wieder auf ein normales Niveau abgeklungen ist. «Une hausse rapide dans la plaine», resümiert die Gazette du Valais eine Woche später, «comme cela a toujours lieu en pareil cas.»

Grössere Schäden sind an den Wasserleitungen der unteren Massaschlucht zu beklagen. Rund um Naters werden Felder in Mitleidenschaft gezogen, bereits geschnittenes Korn fortgeschwemmt, Maishalme herausgerissen. Zahlreiche Getreide- und Kartoffeläcker versanden. Geschiebe staut sich an einer Brücke bei Naters und erschwert den Abfluss der Rhone, der Rückstau überschwemmt das umliegende Land und reicht fast bis zum Dorf. In Visp, Lalden und Baltschieder erreicht das Wasser die Krone der rückwärtigen Hochwasserdämme, in Aproz bei Sion kommt es zu einem kleinen (13 Meter langen) Dammbruch, der im Laufe des Montags behoben ist. Kurzzeitig drohen einige Brücken im Rhonetal einzustürzen, in Saillon wird eine Brücke überspült und beschädigt. Beim Bahnhof Granges stehen die Gleise unter Wasser.

Wo sich heute noch Eiswellen türmen, wie am Fuss des Strahlhorns, dürfte schon in einigen Jahrzehnten das nackte Felsbett freiliegen. Andreas Linsbauer, Wilfried Haeberli und Frank Paul von der Universität Zürich haben – basierend auf einem Höhenmodell und den Gletscherausdehnungen aus der Zeit um 1970–80 – das gesamte Gletscherbett modelliert. Damit ermittelten sie jene Übertiefungen, in denen bei einem Gletscherrückzug möglicherweise Seen entstehen könnten. Ihre Visualisierung zeigt, dass es nicht wenige sein dürften.

Wenn neue Seen entstehen

Ende gut, alles gut? Vielleicht. Vielleicht auch nicht. Bis 2100 wird der Aletschgletscher massiv abschmelzen und sich vermutlich bis hinter den Konkordiaplatz zurückziehen. Gemäss dem 2013 veröffentlichten Bericht «Neue Seen als Folge des Gletscherschwundes im Hochgebirge – Chancen und Risiken» des «Nationalen Forschungsprogramms 61» wird er dabei natürliche Senken im Gelände zurücklassen, in denen sich «voraussichtlich die grössten neuen Seen der Schweizer Alpen» bilden werden. Seen, die über 150 Mio. m^3 gross sein könnten, was mehr als das Zehnfache des einstigen Märjelensees wäre – und vergleichbar mit einem Wägitalersee. Die Sache hat jedoch einen Haken, einen ziemlich ungemütlichen: «Da diese riesigen Wasserreservoirs in unmittelbarer Reichweite von Felsstürzen aus den umliegenden steilen Felswänden oder von Eisabbrüchen aus den sich zurückziehenden Gletschern liegen werden, können sie in Zukunft ein Gefahrenpotenzial darstellen», so der Bericht. Bei einem vollständigen oder teilweisen Ausbruch könnten «bedeutende Teile von Naters überschwemmt werden», und es wären «nebst grossem Sachschaden auch beträchtliche Personenschäden zu erwarten». Der Konjunktiv gilt den Felsstürzen und Ausbrüchen – die denkbar sind, aber nicht unbedingt eintreten müssen – und den Schäden, die sich auch vermindern oder abwenden liessen. Mit Unsicherheiten behaftet ist auch die tatsächliche Grösse der Seen.

Dass es zur Bildung von neuen Seen kommen wird, scheint jedoch ausgemacht zu sein. Werden sie eher idyllische sein, oder doch eher gefährliche? Wir dürften es in nicht allzu ferner Zukunft erfahren: Mit den ersten Seen ist schon in den nächsten Jahrzehnten zu rechnen.

Nirgends in der Schweiz liegen Niederschläge und Trockenheit so nahe beieinander wie zwischen Aletschgebiet und Rhonetal (unten).

Rechte Seite: Um das Wasser des Hochgebirges auf die Wiesen zu leiten, errichtete man deshalb schon vor Jahrhunderten Suonen. Heute dienen diese teilweise dem Tourismus: die «Riederi» als beliebter Wanderweg, für Schwindelfreie gar als Bikeroute; das «Kehrwasser» als Ausstieg aus der Massaschlucht.

GLETSCHERWASSER FÜR DIE FELDER

Regen ist im Walliser Talboden stets Mangelware. Die hohen Gebirgszüge im Norden und Süden, im Osten und Westen schirmen das Tal fast vollständig ab. Die Wolken bleiben dadurch oft aussen vor oder regnen sich an den umliegenden Bergketten aus. Naters etwa kommt auf 500 bis 700 mm Niederschlag pro Jahr, weniger als die Hälfte des schweizerischen Durchschnitts, was deutlich zu wenig ist für eine normal funktionierende Landwirtschaft. Hinzu kommen die intensive Sonneneinstrahlung und der häufige Föhn, die zu starker Verdunstung führen und die Flanken zusätzlich austrocknen. Ein Zeuge davon ist die für Schweizer Verhältnisse einzigartige Trockensteppe, die sich auf der Sonnenseite des Rhonetals ausbreitet.

Durchschnittlicher jährlicher Niederschlag (mm) 1981–2010

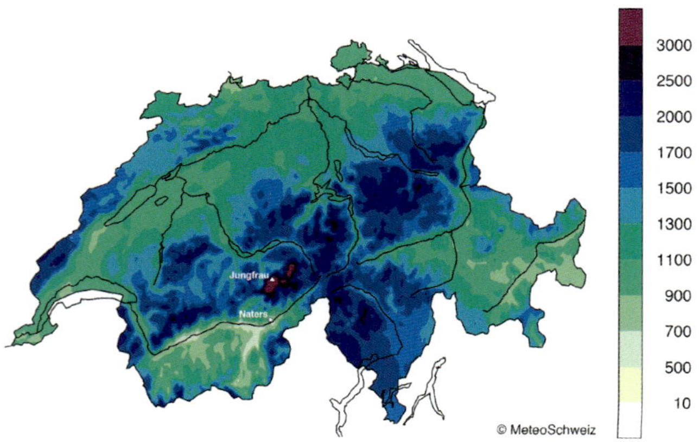

Andererseits fallen bloss 15 Kilometer nördlich von Naters, im Gebiet zwischen Mönch, Jungfrau und Aletschhorn, die landesweit höchsten Niederschlagsmengen an – über 3000 mm jährlich. Was liegt also näher, als sich das Wasser von dort zu holen? Erst recht, da der Aletschgletscher einen Teil des Transports übernimmt und die Wassermassen frei und franko fast bis vor die Haustüren befördert. Nichts einfacher und logischer als das: Beim Gletscherende oder in der Massa das Wasser abzapfen und über Leitungen zu den Äckern führen.

Genau das machen die Walliser seit Jahrhunderten mit ihren Wasserleiten, auch Suonen, Fuhren oder auf Französisch Bisses genannt. Das System ist überall im Kanton gleich: In den Höhenlagen gibt es viel Niederschlag, der zudem oft als Schnee fällt und so die Gletscher nährt. Diese speichern das Wasser und geben es dann wieder ab – zeitlich verzögert, also vor allem im Sommer, wenn es in der Landwirtschaft besonders wichtig ist. Das funktioniert dank der Speicherfunktion der Gletscher selbst dann gut, wenn das Wetter mal über längere Zeit aussergewöhnlich trocken ist. Also werden die Gletscherbäche angezapft, das Schmelzwasser mit offenen Kanälen aus den eingeschnittenen Seitentälern herausgeführt und auf die Hangflächen verteilt.

Nur: Ganz so einfach ist dies nicht, zumindest nicht überall. Oft befindet sich die Fassung an einem gefährlichen Ort, wie im Falle der Massaschlucht. Schwieriger noch gestaltet sich die daran anschliessende Wasserleite, die nach dem Prinzip des offenen Kanals gebaut ist. Sie muss zwar durchgehend ein wenig Gefälle haben, um das Fliessen des Wassers zu gewährleisten. Doch muss das Gefälle wiederum so gering wie möglich sein, damit die Strömung nicht zu reissend wird und die Leitung beschädigt, aber auch, damit auf dem Weg zu den Feldern keine unnötigen Höhenmeter verloren gehen und sich so auch die obersten Äcker bewässern lassen.

Kunstwerke aus Holz und Stein

Deshalb wurden die Suonen oft fast wie mit dem Lineal durch die Landschaft gezogen. So entstanden spektakuläre, handwerklich kunstvolle Wasserleiten mit überaus exponierten Abschnitten, deren Bau und Unterhalt nicht nur ungemein gefährlich war und viele Menschenleben kostete, sondern auch ausgeklügelte Techniken erforderte.

In einfachem Gelände reichte es meist, Rinnen in den Boden zu graben, wo nötig abzudichten und seitlich zu verstärken – manchmal durch sogenannte

Zeugen ehemaliger Suonen: ein Relikt der Oberriederi im Aletschwald (rechts) und die einstige Schöpfe des Bitscheri-Stollens in der Massaschlucht (unten).

Rechte Seite: die waghalsige Leitung des Kehrwassers am Ausgang der Massaschlucht (1908); eine ausgesetzte Passage der Bitscheri, deren Suonenwärter ohne Laufsteg über die Träger balancieren musste (um 1935); der oberste Abschnitt der Riederi mit dem Kännel, der die Massa überspannte und immer wieder fortgeschwemmt wurde (ebenfalls um 1935).

Tretschborde aus senkrecht platzierten Steinplatten. Standen der gewünschten Linienführung mal kurze Felsabsätze im Weg, behalf man sich mit Trockenmauern und Holzkanälen um die Hindernisse herum.

In Steilwänden wurden die Suonen hingegen oft aus dem nackten Fels gehauen oder auf abenteuerliche Stützmauern gelegt, wobei nebst der eigentlichen Suon auch noch ein durchgehender, begehbarer Sims für den Suonenhüter erforderlich war. Noch eindrücklicher waren die Passagen mit aufgehängten Känneln. Dazu meisselte man Löcher in die Felswände, verkeilte hölzerne Tragbalken darin und hängte an diesen die eigentliche Wasserleitung auf – Holzkännel aus ausgehöhlten Baumstämmen, meist aus Lärchen.

Mit bis 200 Meter langen und überaus robusten Seilen – aus Birgisch ist ein Seil bekannt, dessen Transport elf Männer benötigte – liess man die Arbeiter die Felswand runter und brachte die Stämme in die vorgesehene Position. Manchmal kam auch ein Vorschubverfahren zum Einsatz, wie man es heute vom Brückenbau kennt: Der Arbeiter legte ein Holzbrett so auf den Boden, dass es halb in die Felswand hinausragte, beschwerte es auf der «sicheren» Seite mit Steinen und kroch hinaus zum frei schwebenden Ende. Dort meisselte er ein Loch, befestigte einen neuen Tragbalken und konnte so auch sein Arbeitsbrett wieder ein Stück weit vorschieben – nach und nach, bis das Ende der Felspassage erreicht war. Nicht selten wurden die Arbeiter von der gegenüberliegenden Talseite aus koordiniert und geleitet.

Um möglichst viele Parzellen mit Wasser zu versorgen, fasste man die Bäche auf verschiedenen Höhen und führte das Wasser links wie rechts aus dem Tal hinaus, was oft zu einem regelrechten System von parallelen Suonen auf mehreren Etagen und zu beiden Seiten führte.

Eine Herausforderung war übrigens auch das Erstellen der Fassungen, im Volksmund Schöpfen genannt. In der Regel bedurfte es einer günstigen Biegung des Bachs oder eines schützenden Felsens, um die Strömung zu brechen und gleichzeitig dafür zu sorgen, dass das Wasser von alleine in die Leitung floss. Wo diese Voraussetzungen fehlten, musste man künstliche Wehre aus Baumstämmen und Felsblöcken bauen.

Eine uralte Kulturtechnik wird modernisiert

Die ersten konkreten Hinweise auf Suonen im Wallis sind mehr als 800 Jahre alt, und es ist möglich, dass die Technik bereits viel früher zur Anwendung kam. Im Aletschgebiet war die Oberriederi – so genannt, weil sie die Siedlung Oberried mit Wasser versorgte – jedenfalls im 12. Jahrhundert schon in Betrieb; die Riederi wird 1385 erwähnt, die Bitscheri 1408 (mehr zu den einzelnen Suonen auf den Seiten 174/175). Sie alle haben eine bewegte Geschichte. Die Fassungen wurden oft von Hochwassern beschädigt; manchmal mussten sie gar völlig verlegt werden, weil der Gletscher vorrückte oder sich zurückzog. Und die Leitungen litten unter den Lawinen, dem Steinschlag und den Felsstürzen, aber auch unter der Verwitterung der Holzelemente. Damit die Suonen nicht versandeten, musste man sie regelmässig inspizieren und reinigen.

Deshalb begann man im 20. Jahrhundert, Fassungen mit Beton zu verstärken und gefährliche Abschnitte der Wasserleiten durch künstliche Stollen zu ersetzen. So auch bei der Riederi, die Ried-Mörel

Der heutige Vordersee ist nichts anderes als der hintere Zipfel des einstigen Märjelensees (dessen historische Umrisse man im Gelände noch gut erkennen kann). Ein 15 Meter hoher Erddamm staut bis zu 560 000 Kubikmeter Schmelzwasser, die durch einen Tunnel (unten) in dicken Rohren zur Fiescheralp geführt werden. Mitten im Stollen befindet sich eine Nische mit einer Marienstatue.

mit Wasser versorgte. Nach dem tödlichen Unfall von Emanuel Margelisch, der 1927 beim Unterhalt der Suon abstürzte, suchten die Rieder nach einer Alternative zum bestehenden Trassee. Die Technik erlaubte ja nun modernere Lösungen, und rasch keimte der Plan eines Stollens von der Massa unter dem Riederhorn hindurch direkt nach Ried. Damit wollte man den langen und aufwendigen Abschnitt hoch über der Massaschlucht umgehen und erst noch bedeutend mehr Wasser auf die Felder führen. Die Umsetzung der Idee scheiterte allerdings lange an Schwierigkeiten finanzieller, technischer und politischer Art, obwohl der Schweizerische Bund für Naturschutz als Gegenleistung für den Schutz des Aletschwalds politische Unterstützung und die Summe von 35 000 Franken versprochen hatte. 1938 endlich begannen die Arbeiten am Stollen, ein Jahr später wurden sie wegen eines Wassereinbruchs eingestellt. Das Industriewerk Lonza in Visp sprang in die Bresche und half, den 2800 Meter langen Stollen fertigzustellen – unter der Bedingung, den grössten Teil des Wassers zur Stromerzeugung nutzen zu dürfen. Am 7. Dezember 1945 nachts um 2 Uhr erfolgte der Durchstich, im Folgejahr floss das erste Wasser durch den Berg hindurch auf die Matten der Rieder. Die alte Riederi wurde nach fast 700 Jahren Dienst endgültig aufgegeben und in den verdienten Ruhestand entlassen.

Ab 1950 begann sich der Tourismus auf der ganzen Terrasse zwischen Riederalp, Bettmeralp und Fiescheralp – damals noch Kühboden genannt – rasant zu entwickeln. Damit stieg der Wasserbedarf weiter an, nun aber nicht für die landwirtschaftliche Nutzung. Vielmehr herrschte nun Trinkwasserknappheit. Deswegen erliess die Riederalp 1963 gar einen zeitweiligen Baustopp. Auch diesmal half nur eine technische Lösung, für die sich die betroffenen Gemeinden zu einem

Zweckverband zusammenschlossen. Der Plan sah den Bau eines Stausees auf der Märjelenalp vor, von wo aus das Wasser auf der dem Gletscher zugewandten Seite durch die Flanke des Bettmerhorns geführt und unweit der Moosfluh über den Grat auf die Südseite geleitet werden sollte. Das Vorhaben scheiterte jedoch am Widerstand naturschützerischer Kreise und wurde durch ein neues, wohl kostspieligeres, aber auch sichereres Projekt ersetzt: den Bau eines auch im Winter leicht zugänglichen Stollens vom geplanten See unter dem Tälligrat hindurch Richtung Fiescheralp.

Die 1988 fertiggestellte Anlage umfasst den Stausee mit Erddamm und zwei Röhren, je eine für Trinkwasser und Bewässerungswasser, die durch den Stollen führen. Von dort gelangen die im Boden verlegten Leitungen weiter bis zu einer Aufbereitungsanlage bei der Laxeralp, die ihrerseits die Bettmeralp und Riederalp, die Siedlungen Lax und Martisberg, Goppisberg, Greich und Oberried mit beiderlei Wasser versorgt. Mit dem ausgeführten Projekt ergab sich übrigens ein angenehmer Nebennutzen: Der Stollen ist für Wanderer offen und ermöglicht nun einen ein-

Im trockengelegten Teil der Bitscheri. Wie oft bei Suonen, wechseln sich auch hier lauschige Abschnitte mit Stollen und exponierten Passagen ab.

fachen und schnellen Zugang zum Aletschgletscher, der auch rege benutzt wird.

Doch ungeachtet solcher Entwicklungen behalten die traditionellen Suonen ihre Wichtigkeit: Im Wesentlichen wird die uralte Kulturtechnik der Wasserleiten auch heute noch so eingesetzt wie vor bald tausend Jahren. Nicht mehr überall und so intensiv wie einst, weil die Landwirtschaft – vor allem an abgelegenen und steilen Lagen – an Bedeutung eingebüsst hat. Und die eigentliche Bewässerung der Felder wird heute oft nicht mehr mit althergebrachten Verteilgräben gelöst, sondern mit Sprinkleranlagen. Aber immer noch werden die Felder im Aletschgebiet, wie im übrigen Wallis, im Sommer tagtäglich mit Gletscher- und Schmelzwasser berieselt, um sie vor dem Austrocknen zu bewahren.

Auch die quicklebendigen und munter sprudelnden Bächlein, die man etwa rund um Bitsch, bei Ried-Mörel oder in Hegdorn ob Naters am Wegrand entdecken kann, gehören zu diesem weitverzweigten System. Sie alle führen Suonenwasser, und ohne sie wären die Wiesen in diesem trockenen Klima niemals so saftig grün, niemals so üppig blühend und niemals so beliebt bei den vorwitzigen schwarz-weissen Ziegen und Schafen. Wer sich am Ufer eines solchen Bächleins hinsetzt, wird im Wasser rasch das glasklare Eis des Gletschers erkennen – und vielleicht einen Hauch vom frischen Atem der Jungfrau im Gesicht spüren.

Riederfurka Vermutlich wurde sie gebaut, als man gegen Ende des 16. Jahrhunderts die Oberriederi aufgeben musste. Anders als die übrigen Suonen bezog sie das Wasser nicht vom Aletschgletscher oder von der Massa, sondern vom Blockgletscher «Grosses Gufer» nördlich des Bettmerhorns. Von dort führte die Leitung dem Gletscher entlang, überquerte kurz vor der heutigen Station Hohfluh den Grat und verzweigte sich auf der Südseite in der Nähe der Riederfurka (daher der Name). Ein Teil des Wassers gelangte von dort zur Riederalp und wohl weiter nach Oberried und Ried, das restliche floss in die Oberriederi. Wann sie aufgegeben wurde, ist nicht bekannt.

Oberriederi Wie der Forscher Hanspeter Holzhauser belegen konnte – unter anderem dank eines etwa 800 Jahre alten Holzhammers, den er entlang des einstigen Trassees entdeckte –, war diese Suon bereits im 12. Jahrhundert in Betrieb. Später mussten die Oberrieder aufgrund eines Felssturzes einen Teil der Suon im Bereich der Stockflüe neu anlegen. Gegen Ende des 15. Jahrhunderts rückte dann der Gletscher so stark vor, dass das Wasser weiter unten gefasst werden musste – was gleichzeitig die Verlegung der Suon erforderte. Immerhin konnten die Oberrieder die neue Leitung derart geschickt errichten, dass sie weiter vorne ins alte Trassee passte. Ein knappes Jahrhundert später war der Gletscher schliesslich so weit vorgerückt, dass alles nichts mehr half: Mangels Wasser – das man ja nur unterhalb des Gletschers entnehmen konnte, und nicht von der Seite – wurde die Suon vor etwas mehr als 400 Jahren endgültig stillgelegt.

Riederi Sie kommt bereits 1385 in einem Dokument vor und ist bestimmt um einiges älter. Lange Zeit lag ihre Schöpfe nicht etwa bei der Massa, sondern weiter weg auf der Belalper Talseite: zunächst beim Bruchibach bei Rischinu, später (ab 1824) beim Chelchbach oberhalb der Belalp. Das Wasser wurde dann mit einer Konstruktion aus Holzkänneln über die Massa hinweg geleitet und durch die linke Flanke der oberen Massaschlucht talauswärts geführt, von wo es nach Ried floss. Ab wann das Wasser dann direkt bei der Massa gefasst wurde, ist unklar. Bekannt ist hingegen, dass dies bloss auf der «falschen», der rechten Flussseite möglich war – weshalb die Suon den Bach weiterhin in der Luft «kreuzen» musste. Auch sie gehörte zu den gefährlichen Leitungen, die stets dem Steinschlag ausgesetzt waren. Mit dem Bau des Riederhornstollens verlor die Suon ihre Bedeutung und wurde 1946 aufgegeben. Auf dem ehemaligen Trassee verläuft seit 1996 der «Massaweg» – ein eindrücklicher, aber gut gesicherter Wanderweg, auf dem man historische Reste und rekonstruierte Passagen der alten Wasserleitung entdecken kann. Weiterhin in Betrieb ist der östliche Teil der Suon, im Bereich der Wiesen von Ried.

Kehrwasser Über die Geschichte dieser eigenartigen Suon ist kaum etwas bekannt. Sie entnahm das Wasser im unteren Bereich der Massaschlucht, dem Massakinn (oder «Chi»), führte über einen Stollen nach rechts hinaus und teilte sich dort auf. Der eine Ast, teilweise auch heute noch wasserführend, erreichte dann die Massegga; der andere überspannte mit einer (immer noch vorhandenen) Rohrleitung die Massa und diente bis 1992 der Bewässerung von Bitsch.

Möglicherweise gab es in früheren Jahrhunderten noch weitere, heute vergessene und unbekannte Suonen. So kam vor ein paar Jahren zwischen der Riederi und der Bitscheri eine weitere Wasserleitung zum Vorschein.

Bitscheri Die 1408 erstmals erwähnte, aber vermutlich viel ältere Bitscheri war im ersten Abschnitt – zwischen der Fassung in der Massaschlucht und dem Ausgang bei Flesche – sehr kühn und ausgesetzt. Anfang des 20. Jahrhunderts befand sie sich in einem derart schlechten Zustand, dass sie die Felder von Bitsch nur noch unzureichend mit Wasser versorgen konnte – wegen undichter Holzkännel und immer wieder abreissender Teile. Als die Suon einmal während 8 bis 10 Tagen ausfiel, kam es zu Schäden in der Landwirtschaft von mehr als 15 000 Franken. Unter der Leitung von Ingenieur Theo Schnyder ersetzte man 1931–32 die exponiertesten Teile durch Stollen, die Gesamtkosten beliefen sich auf 150 000 Franken. Seit dem Bau des Stausees Gibidum und der Trockenlegung der Massa in den 1960ern kann die Gemeinde Bitsch Wasser von der Druckleitung der Electra-Massa beziehen – über eine eigens erstellte Leitung, die bei Flesche in die Suon mündet. Von dort aus verzweigt sich die nach wie vor genutzte Wasserfuhre – ein Ast führt südwärts über Eichen nach Wasen; der andere, «z'ober Wasser», ostwärts nach Eggelti. Das alte Stollentrassee von Flesche in die Massaschlucht dient heute oft den Canyoning-Gruppen als schneller Zugang zum Ausgangspunkt ihrer Tour.

Etwas unterhalb der hydrologischen Messstation befindet sich ein Wehr. Dort wird ein Teil des Wassers entnommen und in eine unterirdische Kaverne mit grossen Entsanderbecken geleitet.

Über einen Stollen und eine Druckleitung gelangt das Wasser anschliessend zur Zentrale in Mörel, wo die Fallenergie in Elektrizität umgewandelt und ins Stromnetz eingespeist wird.

AUS EIS WIRD STROM

Einmal ...

Vom Stollen durch das Riederhorn war bereits die Rede, und auch, dass ein Kraftwerk damit verknüpft war. Es nahm 1950 den Betrieb auf und besteht nach wie vor. Knapp unterhalb der hydrologischen Messstation an der Massa entnimmt die Aletsch AG einen Teil des Wassers und führt es in eine unterirdische Kaverne, wo in mehreren Entsanderwannen ein Teil der Sedimente entfernt wird. Fassung und Kaverne werden wöchentlich kontrolliert, im Winter monatlich – eine eigene Seilbahn ermöglicht den Zugang selbst bei Lawinengefahr. Anschliessend strömt das Wasser durch den 1,7 Meter breiten und etwa 2,4 Meter hohen Stollen, an dessen Ende die Gemeinde Ried-Mörel ihren vertraglich festgelegten Anteil abschöpfen und für die Bewässerung nutzen kann: «Die Anlage dient somit zweckmässig der landwirtschaftlichen Nutzung und der Energieerzeugung, was in der Schweiz bis anhin nur bei wenigen Werken der Fall ist», schrieb 1950 die ausführende Ingenieurunternehmung Motor-Columbus. Das meiste Wasser stürzt nun durch zwei in den Boden verlegte Druckleitungen nahezu 700 Meter hinunter in die Zentrale Mörel, treibt dort die Turbinen und Generatoren an und wird nach getaner Arbeit in die Rhone entlassen. Trotz Entsanderbecken ist das Wasser derart sandhaltig, dass es zu einem aussergewöhnlich starken Abrieb der Turbinenräder führt und zuweilen ganze Schaufelteile wegfräsen kann. Um die Abnutzung zu vermindern, weisen die Turbinen eine besondere Keramikbeschichtung auf.

Bevor die Massa für die Stromproduktion genutzt wird, fliesst sie durch ein stark eingeschnittenes und kaum zugängliches Tal.

Das Kraftwerk ist heute auf maximal 7000 Liter pro Sekunde ausgelegt und produziert durchschnittlich 138 Gigawattstunden (GWh) pro Jahr. Die Anlagen gehören zum Kraftwerkpark von EnAlpin; deren Eigentümer sind zu 67% Energie Baden-Württenberg, zu 15% die Services Industriels de Genève und zu 18% weitere Aktionäre.

Die Staumauer Gibidum im Bau. Hinter der 122 Meter hohen und 327 Meter langen Talsperre verbirgt sich seit 1969 ein künstlicher See, der jeweils Ende Frühling entleert wird – um die grossen Mengen an Sand auszuspülen, die sich fortwährend auf dem Seegrund ablagern.

... und noch einmal

7000 Liter pro Sekunde sind aber nur ein Bruchteil des Abflusses der Massa: Im Sommer kann sie mehr als das Zehnfache an Wasser führen. Dieses fliesst ungenutzt an der Fassung der Aletsch AG vorbei und gelangt etwas weiter unten in den Stausee Gibidum, der seit 1969 in Betrieb ist und ein Stauvolumen von rund 9 Millionen Kubikmeter aufweist. Bei vollem See drückt das Wasser so stark gegen die Mauer, dass sie sich mehrere Zentimeter talwärts biegt. Das Wasser wird vom Stausee nach Bedarf über einen Stollen und eine Druckleitung in die Zentrale Bitsch geleitet, die im Sommer meist auf Volllast arbeitet; im Winter – wenn die Massa wenig Wasser führt – wird hingegen bloss während der Spitzenverbrauchszeiten Strom produziert.

Eindrücklich ist die Menge an Sedimenten, die von der Massa in den See verfrachtet werden: jährlich rund 450 000 Kubikmeter – also so viel wie 40 000 volle Kipplastwagen-Ladungen. Davon verlassen 10 Prozent den See via Druckleitung wieder, während sich die übrigen 90 Prozent auf dem Seeboden ansammeln. Ohne Gegenmassnahmen hätte sich der See längst vollständig mit Sand gefüllt und wäre heute wohl eine begehbare Sandebene. Deshalb öffnen die Kraftwerke jährlich die Schleusen am Fuss der Staumauer, entleeren den See und spülen so auch den Sand aus – in der Regel Ende Mai oder Anfang Juni, wenn die Rhone genug Wasser führt, um die Sedimente zu verdünnen und Schäden an der Fischpopulation zu verhindern. Eine vollständige Leerung dauert rund eine Woche, und nach einigen Tagen ist der See wieder voll.

Wie beim Kraftwerk in Mörel ist auch in Bitsch der Verschleiss der Turbinenschaufeln ein grosses Thema, werden sie doch mit 40 Tonnen Sand gestrahlt – pro Stunde! Deshalb wird das Wasser heute nicht mehr am Fuss der Staumauer entnommen, wo der Sandgehalt am höchsten ist, sondern am oberen Ende eines 1996 in den See eingebauten, 42 Meter hohen Einlaufschachts.

Die Jahresproduktion der Electra-Massa – so die offizielle Bezeichnung des Werks – beträgt durchschnittlich 550 GWh. Zahlreiche Stromunternehmen sind an der Anlage beteiligt, die Aktionärsanteile betragen: Alpiq (Lausanne) 34,5 %, BKW (Bern) 16 %, IWB (Basel) 14 %, Axpo (Baden) 14 %, FMV (Sion) 11,5 %, Groupe E (Granges-Paccot FR) 10 %.

Mit dem Bau des Stausees wurde die Massaschlucht übrigens trockengelegt. Das Kraftwerk muss auch keine gesetzlichen Restwassermengen einhalten, da das entsprechende Gesetz nur für Anlagen gilt, die ab 1992 konzessioniert wurden. Gemäss einer Publikation der Universität Bern ist das in diesem Fall aber ökologisch relativ unbedenklich, «da das Gletscherwasser aufgrund seiner tiefen Temperatur praktisch keine Lebewesen enthält.» Beeinträchtigt wurde dagegen die ursprüngliche Fassung der Bitscheri-Suon, die sich in der nur völlig trockenen Massaschlucht befindet. Als Kompensation zweigt die Electra-Massa beim Ort Schipfe Stauseewasser von ihrem Druckstollen ab, führt es über eine Leitung nach Flesche und speist dort je nach Bedarf der Gemeinde Bitsch bis maximal 140 Liter pro Sekunde in die Suon ein, um die örtliche Bewässerung weiterhin zu ermöglichen.

Bald ein weiteres Kraftwerk?

Gemeinsam liefern die beiden Anlagen ziemlich genau ein Hundertstel der jährlichen Stromproduktion in der Schweiz und können damit den Bedarf von knapp 4 Prozent aller Haushalte decken – also zum Beispiel sämtliche Haushalte der Städte Bern und Basel.

Auch regional und lokal besitzen die Werke eine grosse wirtschaftliche Bedeutung. Das Magazin «Einblicke – Ausblicke» des UNESCO-Welterbes und der Universität Bern formuliert sie so: «Für die Gemeinden ist die Wasserkraft eine wichtige Einnahmequelle: durch Steuereinnahmen aus dem Gewinn der Kraftwerke einerseits und durch die Vergabe von Wassernutzungsrechten (Konzessionen) andererseits, die jährliche Wasserzinsen einbringen.»

Derzeit bestehen Pläne für einen weiteren Ausbau der Wassernutzung im Aletsch. Unterhalb des Oberaletschgletschers soll der Bach gefasst, über einen Stollen via Belalp zum bestehenden Stausee Gibidum umgeleitet und unmittelbar vor dem Einlauf in den See turbiniert werden – das alles nahezu vollständig unterirdisch. Damit wird ein Teil eines früheren Ausbauvorhabens aus den 1950er-Jahren reaktiviert, das noch weiterging und die Zuleitung der Bäche aus dem Driest- und Zenbächengletscher vorsah. Das aktuelle Projekt ist allerdings umstritten, da es in einem mehrfach geschützten Gebiet zu stehen käme, und weil befürchtet wird, es könnte eine Art Dammbruch bewirken und weitere landschaftlich heikle Vorhaben in der Region ermöglichen. Das letzte Wort in dieser Angelegenheit scheint jedenfalls noch lange nicht gefallen zu sein.

Der einst ungestüme Wildbach, der die Felsen mit Wucht ausfräste, ist heute nur noch ein Rinnsal – dafür kommt das im Laufe der Jahrtausende geschliffene Gestein prächtig zum Vorschein.

MASSASCHLUCHT

«Dieses Thal wird das Aletschthal genennt; es stürzt sich durch dasselbe der Massabach, mit vielem Gebrüel, und in verschiedenen schönen Wasserfällen, über schrofe Felsen hinunter.» Was Gottlieb Gruner 1760 in seinem Werk «Die Eisgebirge des Schweizerlandes» beschreibt, fällt auch anderen Besuchern jener Zeit auf: Die alpine Literatur ist reich an Schilderungen der Massaschlucht. Doch alle beschränken sich auf deren obersten Teil, wo die Massa – der Abfluss des Aletschgletschers – zwischen Felswänden verschwindet, und dem untersten Teil, wo sie tosend wieder zum Vorschein kommt. Ansonsten ist die Schlucht so unzugänglich und exponiert, dass damals nur einzelne Abschnitte besucht werden, und lediglich von Sandern, die den Bau und Unterhalt der Suonen besorgen, später auch von einzelnen Strahlern und Jägern. Als Ganzes bleibt das Bachbett der Massa indes unerforscht – zu steil und felsig das Gelände, zu reissend der Bach, zu unnütz die Gegend.

Im Winter durch die Schlucht – ein alpinistisch-geologisches Abenteuer

Die erste vollständige Erkundung der Schlucht gelingt erst 1963. Einer der beiden Protagonisten, der Berner Geologe Toni Labhart, erinnert sich:

«Als ich 1959 mit den Feldarbeiten für meine Dissertation im Gebiet zwischen Naters und Blatten begann, wurde mir bald klar, dass der Schlüssel zur Geologie des Gebiets in den Felsformationen der Massaschlucht zu suchen war. Als Abfluss des Grossen Aletschgletschers war diese in den Sommermonaten aber mit ihren tosenden Wassermassen ein imposanter, furchterregender Anblick, der keine Gedanken an eine Begehung aufkommen liess. Um 1960 lernte ich Carlo Gemmet von Naters kennen, einen etwa gleichaltrigen, frisch patentierten Bergführer, spritzig, unternehmungslustig und an Geologie interessiert. Da ich unterdessen im unteren Teil der Schlucht Uranvorkommen entdeckt hatte, beschloss ich, ihn für eine Erkundung zu engagieren. Unsere Abseilmanöver entgingen den Einheimischen natürlich nicht und gaben Anlass zu den wildesten Gerüchten – noch Jahre später schlug in Naters ein altes, schwarz gekleidetes Mütterchen bei unserem Anblick das Kreuz und wechselte die Strassenseite, obwohl ich auf Rat von Carlo frühzeitig den Dorfpfarrer über den Zweck unseres Treibens orientiert hatte. Damals keimte, vorerst am Abend beim Fendant, auch die Idee einer Schluchtbegehung – vordergründig für die Komplettierung der geologischen Karte, aber zunehmend auch aus alpinistischer Abenteuerlust und Entdeckerfreude. Nachdem Carlo die Wasser-, Eis- und Schneeverhältnisse beobachtet hatte, zeichnete sich eine Begehung im Spätwinter als einzige Möglichkeit ab. Nach ersten Erkundungen entschieden wir uns für eine abschnittweise Begehung während mehrerer Tage. Ausgangspunkt war die mitten in der Schlucht liegende Fassung der Bitscheri, der nach Bitsch führenden Wasserleitung. Von dort stiegen wir aufwärts zum oberen Ende der Schlucht, was die Begehbarmachung einiger heikler Passagen erforderte. Die eigentliche Schlüsselstrecke war aber, wie heute noch, der Schluchtabschnitt unterhalb der Bitscheri. Von der Fassung drangen wir vorerst soweit wie möglich vor, sicherten uns aber den Rückzug, wo nötig auch durch Fixseile. So gelangten wir bis zur heutigen grossen Abseilstelle in den See, dessen Begehbarkeit von oben nicht zu beurteilen war, und die wir dann vorgängig von unten unter Einsatz eines kleinen Schlauchbootes abklärten. Den untersten Schluchtteil hatten wir schon vorher im Auf- und Abstieg begangen.»

Von der Kraxeltour zum Canyoning

Mit dem Bau des Stausees Gibidum Ende der 1960er-Jahre wird die Massa abgeleitet, die Schlucht ist nun weitgehend trocken. Im Frühling 1983 begeht Bergführer Peter Kimmig aus Naters mit Kollegen die Schlucht in einem Zug, von der Staumauer bis zur Mündung in die Rhone. Zur Überwindung der Abseilstellen nutzt er eingeklemmte Steine und angespülte Baumstämme, an denen er das Seil befestigt. Beflü-

Viel Fels, etwas Wasser, da und dort angeschwemmte, verkeilte und blank polierte Baumstämme, manchmal an der unwahrscheinlichsten Stelle sogar ein Frosch: Die Begehung der Massaschlucht mag auch Sport sein, in erster Linie ist sie aber eine faszinierende Reise durch eine unvermutet wuchtige Natur.

gelt vom Erlebnis, rüstet er noch im gleichen Jahr einzelne Passagen mit Bohrhaken aus, um künftig Gäste durch die Schlucht führen zu können.

Doch die jährlichen Entleerungen des Stausees – die dem Ausspülen des auf Seegrund abgelagerten Gletschersands dienen – beeinflussen das flussabwärts gelegene Gelände auf wesentliche Art. Bis Mitte der Achtzigerjahre wird der See in einem einzigen Durchgang geleert, was dazu führt, dass sich viel Sand in der Schlucht ablagert und die meisten Becken ausfüllt. «Ausser an wenigen Stellen, etwa an der sogenannten Kathedrale, die ein Abseilen erforderte, liess sich die ganze Strecke wandernd und kletternd bewältigen», so Kimmig.

Später beginnt das Kraftwerk, den See stossweise in mehreren Durchgängen zu entleeren – die Sandablagerungen werden so vermehrt aus der Schlucht hinausgespült. Damit bilden sich Wasserbecken, was Kimmig und seine Bergführerkollegen veranlasst, stets ein höhlentaugliches Schlauchboot mitzunehmen, mit dem sie die Gäste trockenen Fusses durch die Schlucht bringen.

Anfang der 1990er-Jahre ändert das Kraftwerk die Art der Spülung nochmals, um den Sand – der bei Starkniederschlägen zu Schäden im Rhonetal führen könnte – möglichst konsequent aus der Schlucht zu entfernen. «Nun war eine Begehung ohne Neoprenanzug kaum mehr angebracht, da sehr viele Wasserbecken entstanden und die Wassertemperatur nicht gerade angenehm war», erinnert sich Peter Kimmig, «und so begann die mittlerweile unter dem Namen Canyoning bekannte Aktivität.» Eine Aktivität, die in den Neunzigern rasch beliebt wird. Viele Medien schwärmen von der Massaschlucht, jeder Turnverein will sie besuchen, oft stehen die Gruppen mit ihren Führern vor den Abseilstellen Schlange. «Heute klettern, rutschen und schwimmen bei schönem Wetter täglich einige Dutzend Waghalsige durch den schönsten Canyon der Schweiz. Massa, das bedeutet Abseilen im Wasserfall, 5 Stunden lang eiskaltes Wasser, Klettern, Springen und immer wieder Staunen», schwärmt Chefredaktor Peter-Lukas Meier 1996 im Editorial der «Revue Schweiz».

Und heute?

Mittlerweile ist es um die Schlucht ruhiger geworden, der Andrang hat spürbar nachgelassen. Weit und breit sind wir die Einzigen, die an diesem Sommertag 2015 bei der Fassung der Bitscheri in die Schlucht einsteigen. Zum ersten Mal in meinem Leben stecke ich in einem Neoprenanzug. Er fühlt sich fast wie eine Zwangsjacke an, jede Bewegung kostet ein bisschen Kraft, vor allem das Anheben der Arme. Und damit soll man durch schwieriges Gelände kraxeln? Bergführer Michael Kimmig – der Bruder des Erschliessers Peter – beschwichtigt: Doch doch, man gewöhne sich schnell daran, und im Wasser sei sowieso alles leichter. Ich bin mir da nicht ganz so sicher, und dann geht es los.

Zunächst turnen wir über Blöcke, waten durch seichte Tümpel. Ist ja gar nicht so schwierig, denke ich. Doch allmählich wird das Spiel anspruchsvoller. Mal müssen wir Passagen überklettern, dann unteriridisch durch ein Wirrwarr von gestapelten Felsblöcken kriechen. Oder Becken durchschwimmen, den Rucksack vor uns schiebend, und dabei gegen den Auftrieb des Gummianzugs ankämpfen, der uns hin-

ten die Beine aus dem Wasser drückt und vorne den Kopf nach unten. Für Michael Kimmig kein Problem, selbst als Bergführer fühlt er sich im Wasser sichtlich wohl – kein Wunder, hat er doch die Massaschlucht und andere wasserführende Canyons schon unzählige Male begangen. Bald folgen spiegelglatte Steilstufen, die sich ohne Seilhilfe niemals überwinden liessen, einmal wird unmittelbar neben einem Wasserfall in einen kleinen See abgeseilt. Die fünf Stunden, die für knapp zwei Kilometer Wegstrecke veranschlagt werden, scheinen mir nun nicht mehr so völlig abwegig. Im Vergleich zu gewöhnlichem Wandergelände sind wir tatsächlich zehnmal langsamer unterwegs.

Irgendwann, es ist schon Nachmittag, kommt der Ausstieg. Auf dem schmalen Pfad einer ehemaligen Suon verlassen wir die Schlucht, tasten uns durch einen dunklen Stollen und stehen unvermittelt in dickem Neopren auf einer sommerheissen Wiese – das Abenteuer Massaschlucht ist zu Ende. Geblieben sind starke Erinnerungen an tief eingeschnittene Felslabyrinthe, haushohe, übereinander gewürfelte Granitklötze, wundersam angeschwemmte, nackte Baumstämme, vom Wasser poliertes und schwungvoll gemasertes Gestein, Becken mit kristallklarem Wasser, Erinnerungen an eine während unvorstellbar langen Jahrtausenden vom Wasser geschaffene Landschaft, an einen verirrten Frosch unter einem Stein, an vorbeischauende Mauersegler. Erinnerungen auch an einen mehrtägigen Muskelkater vom Neoprenanzug.

Und vor allem an eine wilde Abgeschiedenheit, die ich mir zwei Kilometer hinter Brig nie hätte vorstellen können.

Ohne Ortskenntnis, eingespielte Canyoningtechnik und passende Ausrüstung ist ein Durchstieg der Schlucht undenkbar, weshalb sich die allermeisten Besucher einem lokalen Führer anvertrauen – in diesem Fall dem Bergführer Michael Kimmig aus Ried-Mörel, der für den Fotografen auch einen Sprung einlegt.

Sphinx und Jungfraufirn.

DIE CHRONIK

DIESES UND JENES –
EINE KLEINE CHRONIK ZUM SCHLUSS

Ca. 22 000 v. Chr.: Brig liegt unter einer fast 2000 Meter dicken Eisschicht. Die Gletscher vom Aletschgebiet und vom übrigen Wallis fliessen zum Genfersee und reichen von dort nordwärts ins Mittelland bis vor Langenthal, südwärts bis kurz vor Lyon.

Ca. 13 000 v. Chr.: Die Eisschicht des Aletschgletschers bedeckt immer noch das heutige Brig.

Bearbeiteter Ausschnitt aus der Karte «Die Schweiz während des letzteiszeitlichen Maximums» mit der Darstellung der Eisbedeckung um 22 000 v. Chr. – und zum Vergleich die Umrisse des heutigen Aletschgletschers.

Ca. 10 000 v. Chr.: Der Aletschgletscher reicht letztmals bis Naters.

Ca. 1000–1500 v. Chr.: Im Aletschwald leben Menschen. Sie roden Waldflächen und lassen dort ihre Tiere weiden.

Ca. 1150 n. Chr.: Älteste Hinweise auf Suonen (künstliche Bewässerungskanäle) im Aletschgebiet.

1231: In einer Urkunde taucht die Bezeichnung Aletsch («Alech») auf.

1653: Der Aletschgletscher rückt immer stärker vor und bedroht die Weiden im Üssern Aletschji, worauf die Einwohner von Naters eine Prozession ausrichten, um das Eis zurückzudrängen. In der Folge zieht sich der Gletscher zurück.

1682: Erstmals erscheint der «Aletzh Gletscher» in einer Karte, in jener des Walliser Gelehrten Anton Lambien.

1.–4. August 1811: Die Aarauer Brüder Hieronymus und Johann Rudolf Meyer und ihre Fiescher Führer Joseph Bortis und Alois Volken erkunden vom Lötschental her das Aletschgebiet, betreten den Konkordiaplatz und besteigen als erste Menschen in der Schweiz einen Viertausender, die Jungfrau.

26. August 1840: Der Brite Arthur Thomas Malkin erreicht als vermutlich erster Tourist das Eggishorn, begleitet von zwei Fiescher Führern. «This is certainly one of the finest views that I have seen in Switzerland, and worthy of being more frequently visited.»

1856 beginnt mit dem Hotel Jungfrau das touristische Zeitalter am Aletschgletscher (Plakat von 1894, links). Spätestens ab 1880 reicht der Oberaletschgletscher nicht mehr bis zum Grossen Aletschgletscher und wird dadurch selbstständig (Kunstpostkarte um 1914, rechts). 1859 leitet der Gommer Bergführer Johann Joseph Benet die Erstbesteigung des Aletschhorns (unten).

1856: Auf der Fiescheralp bauen Alexander und Franz Wellig das Hotel Jungfrau, das rasch zum Ausgangspunkt für Touren rund um den Aletschgletscher und zu einem famosen Treffpunkt von Alpinisten aus ganz Europa wird. «Ganz Europa» heisst damals vor allem: Grossbritannien.

1856: Erste Schutzhöhle am Faulberg. Sie bietet fünf bis sechs Personen Platz und erleichtert die Besteigung von Jungfrau und Finsteraarhorn.

18. Juni 1859: Der höchste und bedeutendste Gipfel des Aletschgebiets, das Aletschhorn, wird zum ersten Mal bestiegen – vom Briten Francis Fox Tuckett und seinen Führern Johann Joseph Benet, Peter Bohren und Victor Tairraz.

1859: In der englischen Textsammlung «Peaks, Passes, and Glaciers» sinniert John Frederick Hardy über den berühmtesten Gletscherzusammenfluss der Alpen: «It is the Place de la Concorde of Nature». Es ist die Geburt des Namens Konkordiaplatz.

13. August 1861: John Tyndall, Thomas Archer Hirst und Johann Joseph Benet wandern über den Aletschgletscher und treffen dort auf Einheimische, deren Kuh in eine Spalte gefallen ist. Gemeinsam befreien sie das Tier aus seiner misslichen Lage.

Januar 1874: Erste Besteigung der Jungfrau im Winter durch Meta Brevoort, William Augustus Brevoort Coolidge und die Führer Christian und Ulrich Almer.

1877: Erste Konkordiahütte.

1870er-Jahre (um 1878): Der stark schwindende Oberaletschgletscher trennt sich endgültig vom Grossen Aletschgletscher.

1887 stürzen sechs Bergsteiger an der Jungfrau ab; die Sektion UTO des Schweizer Alpen-Clubs widmet dem Drama ein 48-seitiges Büchlein «mit den Portraits der Verunglückten» (links).
Am 1. Januar 1902 traversieren drei Studenten erstmals auf Ski von der Konkordiahütte zur Oberaarjochhütte – «Die Skifahrer haben lediglich einen langen Stock bei sich», so die Bildlegende (rechts).

1887: Am 15. oder 16. Juli geraten sechs junge Berner, Zürcher und Glarner Alpinisten – Wilhelm Bär, Gustav Bider, Gottfried Kuhn, Alexander und Heinrich Wettstein und Karl Ziegler – in einen Sturm und stürzen im Abstieg von der Jungfrau tödlich auf den Jungfraufirn ab. Es ist das bis dahin zweitschlimmste Unglück in der Geschichte des Alpinismus (nach einem tragischen Ereignis am Mont Blanc 1870, als elf Bergsteiger erfrieren).

19.–22. Januar 1897: Die Deutschen Wilhelm Paulcke, Victor de Beauclair, Wilhelm Lohmüller, Gustav Mönnichs und Hugo Ehlert traversieren vom Grimselpass via Oberaarjoch zur Konkordiahütte und folgen dem Aletschgletscher in dessen ganzer Länge, um schliesslich zur Belalp aufzusteigen. Sie sind nicht die ersten Menschen, die den Konkordiaplatz im Winter besuchen, aber die ersten mit Ski. Auf der Belalp brechen sie in das geschlossene Hotel ein. Am 23. Januar steigen sie nach Naters hinunter, wo sie vom Hotelier erfahren, dass der Wein, den sie stibitzt und genossen hatten, in Wirklichkeit Essig war.

30. Dezember 1901–4. Januar 1902: Erste vollständige Skidurchquerung des Aletschgebiets. Drei Studenten des Akademischen Alpenclubs Zürich – Friedrich Weber, Otto Fischer und Paul Rühl – starten im Lötschental, bepackt mit Proviant und Brennholz für 8 Tage. Die Abfahrt von der Lötschenlücke zum Konkordiaplatz bewältigen sie in der Silvesternacht im Schein der Laternen. Am 1. Januar queren sie zur Oberaarjochhütte, wo sie wegen schlechten Wetters festsitzen. Erst am 4. Januar erlaubt eine Wetterberuhigung die Abfahrt via Grimsel nach Guttannen. Weber: «Als die abnehmende Neigung des Gletschers die anfängliche Schussfahrt mässigte, und schon in seinem mittleren Teil bei dem geringen Gefälle von 5–6° der Schwung zu erlahmen drohte, kam uns willkommene ‹Hilfe von oben›: ein sachte anschwellendes Lüftchen wehte vom Joch herab und blies uns in die Segel, die weit ausgespannten Jacken; dieses neuartige Vergnügen des ‹Ski-Segelns› trug uns in geniesserischer Fahrt rasch bis ans Gletscherende.»

«Vor der Abfahrt»: im Korb Victor de Beauclair, davor Gebhard Guyer, Maria Löbenberg und Konrad Falke. «Rückblick auf den Aletschgletscher»: Standort südwestlich von Brig, Flughöhe 4500 Meter, 19 Uhr.

29.–30. Juni 1908: Victor de Beauclair, 1897 an der ersten Skitour im Aletschgebiet beteiligt, vollbringt mit seinem Ballon «Cognac», was andere vor ihm vergeblich versucht haben – die Berner und Walliser Alpen vollständig zu überfliegen. Mit im Korb sind: Gebhard Guyer (Direktor der Jungfraubahn und Sohn von Adolf Guyer-Zeller) und Maria Löbenberg auf Verlobungsfahrt; Schriftsteller Konrad Falke; 640 kg Ballast; sowie «Esskörbe und Eiskühler mit Champagner- und Seltserflaschen». Nach dem Start um 13.15 Uhr bei der Station Eigergletscher steigt der Ballon Richtung Jungfraujoch, fliegt an der Jungfrau vorbei und schwebt in rund 4800 Meter Höhe über den Aletschgletscher. Die vier erleben den Eisstrom so, wie ihn noch niemand gesehen hat: von oben. «Über dem Konkordiaplatz fing es an zu donnern, wir fielen und machten eine 12 km lange Schleppfahrt über den Aletschgletscher.» Was im Bericht von Beauclair nicht steht, aber im Text von Falke: Zwischen Olmenhorn und Märjelensee schlägt der Korb kräftig auf dem Eis auf, dann schleift er immer wieder über den Gletscher. Einmal kracht er gar in eine Spaltenwand, mehrere Blessuren sind die Folge. Fräulein Löbenberg kriegt dabei einen Sandsack an den Kopf, muss sich darob die Frisur zurechtmachen «und bemerkt dabei kaltblütig, indem sie ihre Kämme zusammensucht: ‹Es findet sich alles wieder!›». Kurz vor der Gletscherzunge überfliegen sie ein paar Säumer, die mit ihren bepackten Maultieren auf dem Eis unterwegs sind: «Wir jauchzen, und sie geben Antwort, ohne indessen mit ihren Tieren, denen wir über die Köpfe wegfliegen, innezuhalten.» Kurz darauf werfen sie einem Geissbuben eine Grusskarte für die «Neue Zürcher Zeitung» hinab, mit der Bitte, sie zum Hotel Belalp zu tragen. Nur knapp schafft es der «Cognac» durch die Massaschlucht, immer wieder knapp an Bäumen und Felswänden vorbei. «Da erscheint auf dem sich emporwindenden Bergpfade ein katholischer Pfarrer im langen, schwarzen Gewande mit einer Frau; er winkt und ruft laut ‹Bravo!›». Ausgangs Schlucht verfängt sich das Schleppseil um einen Felsblock, der Ballon ist gefesselt – doch bald sind Einheimische zur Stelle und können das Seil lösen. Über Brig (wo sie mit Moët & Chandon der zuschauenden Menge zuprosten) geht es zum Simplonpass, dann durch die Nacht weiter über mehrere italienische Bergketten. Bei Coggiola am Rand der Po-Ebene steigt der Ballon dank der Morgensonne wieder auf 5950 Meter Höhe, driftet nordostwärts und landet schliesslich um 10 Uhr morgens bei Gignese, einige Kilometer westlich von Stresa am Lago Maggiore. Die Überfahrt «wurde noch ganz besonders reizvoll, weil beinahe während der ganzen Fahrt Gewitter bis in die nächste Nähe heranzogen, die unbeschreiblich schöne Wolkenbildungen hervorzauberten und das Hochgebirge in grossartigster Weise umrahmten.»

1912 fährt erstmals eine Bahn von der Kleinen Scheidegg durch Eiger und Mönch zum Jungfraujoch – die geplante Weiterfahrt bis zur Jungfrau bleibt ein Traum (Projektzeichnung von 1894, unten).

«La traversée du glacier d'Aletsch par un bataillon d'infanterie suisse» ist 1913 sogar der renommierten französischen Wochenzeitung «L'Illustration» einen längeren Bericht wert (rechts).

1. August 1912: Die Bahn von der Kleinen Scheidegg aufs Jungfraujoch wird eingeweiht. Damit können Touristen ohne jegliche Anstrengung den grössten Gletscher der Alpen erreichen. Auch unter Alpinisten wird die Bahn rasch beliebt, was dem Aletschgebiet neue Aufmerksamkeit und manchmal sogar Rummel beschert. Die Skitour vom Jungfraujoch über die Lötschenlücke ins Lötschental wird in der Folge zum Klassiker und gleicht im Frühling oft einer Skipiste.

13. Juli 1913: Der 22-jährige Oskar Bider überfliegt den ganzen Aletschgletscher. Von Bern-Beundenfeld kommend, überwindet er um 6.10 Uhr morgens das

Jungfraujoch auf 3600 Metern, was Schweizer Höhenrekord bedeutet, fliegt über den Konkordiaplatz und am Eggishorn vorbei. Über den Ritterpass gelangt er nach Domodossola, wo ihn ein grosses Publikum erwartet: «Eine Musikkapelle begann zu spielen, als der Aeroplan sichtbar wurde.» (NZZ). Nach der Zwischenlandung setzt er den Flug bis Mailand fort. Die erste vollständige Überquerung der Alpen mit einem Flugzeug stösst auf grosses internationales Echo.

17. September 1913: Im Rahmen eines Manövers der 9. Gebirgsbrigade verlassen rund 600 Soldaten ab sieben Uhr morgens in mehreren Detachementen das Jungfraujoch. Schwer bepackt (in der Presse ist von 35-kg-Rucksäcken die Rede) steigen sie über den Aletschgletscher ab. Um 15.30 Uhr erreicht die Vorhut die feindlichen Stellungen, die wie vereinbart schiessend beim Märjelensee warten und italienische Alpini darstellen, die sich im Raum Brig eingenistet haben sollen.

28. Juni 1914: Anlässlich der Landesausstellung 1914 in Bern – und am gleichen Tag des Attentats von Sarajevo – findet bei prächtigem Wetter das «I. Sommerskirennen auf dem Jungfraujoch» statt. Der Anlass wird vom Skiclub Bern organisiert und kann auf die Mitwirkung des Deutschen Skiverbands und des Alpine Ski Club zählen. «Den Langlauf von 6 km Länge bei einer Höhendifferenz von 600 Metern bestritten 21 Läufer, von denen Schenk, Grindelwald, die Bestzeit erreichte. Am Sprunglauf beteiligten sich zehn Springer, die in Bächtold ihren Besten fanden.» Unter «Langlauf» ist die Abfahrt zum Konkordiaplatz gemeint.

17. August 1919: Oberleutnant Robert Ackermann landet auf dem Jungfraufirn, mit Major Arnold Isler als Passagier. Beim Aufsetzen weht ein böiger Nordwind, Ackermann kommt von der 200 Meter langen Piste ab, die tags zuvor zehn Soldaten gestampft haben. Die Räder brechen in den Schnee ein, worauf der Doppeldecker Haefeli DH-3 einen «Kopfstand» macht. Pilot

Zweimal die Armee im freiwilligen Gebirgseinsatz: Links 1919 bei der vielleicht weltweit ersten Gletscherlandung, die nahezu in einer Spalte des Jungfraufirns endete; rechts 1923 bei der Abfahrt über den Jungfraufirn anlässlich des ersten Patrouillenlaufs Jungfraujoch–Grimsel.

und Passagier bleiben unverletzt. Da man mit einem solchen Missgeschick rechnete, liegt beim Jungfraujoch ein Ersatzpropeller bereit, mit dem Ackermann am nächsten Tag ins Tal zurückfliegt. Mehreren Quellen zufolge ist es die weltweit erste Landung auf einem Gletscher.

10. Juni 1923: Skipatrouillenlauf der Armee vom Jungfraujoch via Konkordiaplatz zur Grimsel. Einschliesslich Höhendifferenz müssen die Soldaten 42 Kilometer bewältigen – in feldgrauer Uniform, mit Langgewehr am Rücken und teilweise am Seil fahrend. Von den 14 angemeldeten Mannschaften sind 11 am Start, 10 kommen ins Ziel, die unterwegs postierten Ärzte melden eine ausgerenkte Schulter, einen Rippenbruch und eine Schneeblindheit. Korporal Anton Julen und seine Zermatter Equipe schaffen die Strecke am schnellsten und gewinnen den «Jungfraubecher» in 5 Stunden, 17 Minuten und 45 Sekunden. Ihre Zwischenzeiten: Jungfraujoch–Grünhornlücke 01:29:02, 30 Minuten Verpflegungspause; Grünhornlücke–Rotloch–Oberaarjoch 01:39:06, 1 Stunde Verpflegungspause; Oberaarjoch–Grimsel 02:09:37.

19. Oktober 1928: Leutnant Hugo Mauerhofer, stud. phil. aus Bern, 24, nimmt Fräulein Klara Gerber, Haushaltungslehrerin aus Bern, 22, dienstlich zu einem «Angehörigenflug» ins Jungfraugebiet mit. Plötzlich «geriet das Flugzeug in eine starke Böe. Als der Pilot das Flugzeug wieder in die Gleichgewichtslage gebracht hatte, stellte er fest, dass der Beobachtersitz leer sei» (so ein Bericht des Eidgenössischen Militärdepartements). Mauerhofer fliegt zurück nach Thun, um den Vorfall zu melden, und gibt die Flughöhe zum Zeitpunkt des Unglücks auf rund 500 Meter über Boden an, die er später auf 1000 Meter korrigiert. Der Unfall findet europaweit Beachtung, die britische Times titelt: «Woman's Fall from Airplane.» Eine Bergungskolonne findet die Leiche von Klara Gerber am folgenden Tag unweit des Konkordiaplatzes, am Fuss des Aletschhorns. Dr. med. Lauterburg, der die Leichenschau vornimmt, ist erstaunt, «dass die Tote nach einem Fall aus grosser Höhe so geringe Verletzungen aufzuweisen hat.» Nicht einmal die Brillengläser sind gebrochen.

Von Zürich 1931 polysportiv zum Gletscher und zurück – der Plan, der Skifahrer auf dem Jungfraufirn, der Töfffahrer in Fiesch (rechts). Im gleichen Jahr wird die Forschungsstation der Architekten Otto und Werner Pfister eingeweiht (unten).

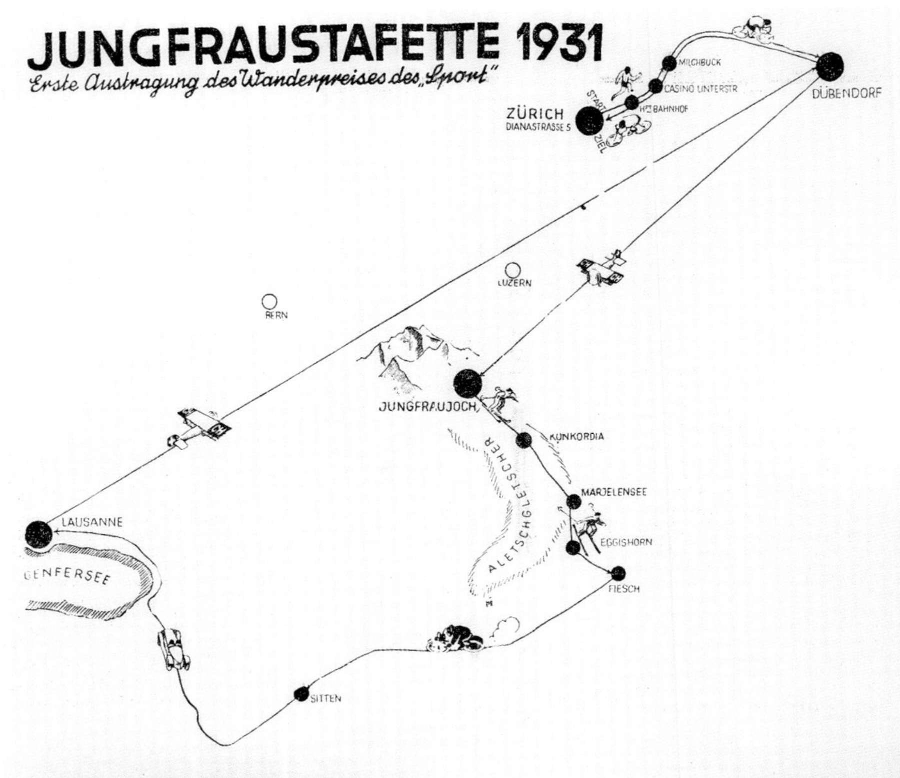

28. Januar 1931: Eine Partie aus vier Damen und zwei Herren, allesamt Briten, sowie den drei Adelbodner Bergführern Fritz Bärtschi, Christian Bärtschi und Emanuel Gyger (der Fotograf) verlässt nach tagelangem Schneefall die Konkordiahütte mit Ziel Riederfurka. Als sie bereits den Aletschwald erreicht haben, löst sich zwischen den Bäumen eine wuchtige Lawine. Christian Bärtschi, Miss Leslie Galloway, Miss Dorothy Furnivall und deren Mutter Mrs. Furnivall werden vollständig verschüttet und kommen ums Leben; Frank Furnivall, der die Tour als Geburtstagsgeschenk für seine 23-jährige Tochter arrangiert hat, überlebt das Unglück.

21. Juni 1931: Zehn Equipen nehmen an der ersten Austragung der Jungfrau-Stafette teil, einem von der Zeitung «Sport» organisierten Mannschaftswettkampf. Die geplante Strecke: Start bei der Zeitungsredaktion an der Dianastrasse 5 in Zürich, Läuferstrecke bis Milchbuck, Radfahrer bis Flugplatz Dübendorf, Flugzeug bis Jungfraujoch, Übergabe der Meldetasche

Abb. 6. Ansicht des Forschungshauses. – Arch. Gebrüder Pfister, Zürich. – Masstab 1 : 400.

durch Abwurf aus dem Flugzeug, drei Skifahrer-Etappen über den Aletschgletscher bis Hotel Eggishorn, Läufer bis Fiesch, Motorradfahrer bis Sitten, Autofahrer bis Flugplatz Lausanne, Flugzeug bis Dübendorf, Übergabe durch Abwurf, Radfahrer bis zur Dianastrasse. Bis auf die Flugstrecke Dübendorf–Jungfraujoch finden alle Etappen planmässig statt. Die Mannschaft «Grasshoppers» gewinnt mit einer Gesamtzeit von 6 Stunden, 26 Minuten und 4 Sekunden.

4. Juli 1931: Die Hochalpine Forschungsstation Jungfraujoch wird eingeweiht.

21. April 1933: Die Einwohner von Ried-Mörel beschliessen in einer Abstimmung, den Aletschwald für die Dauer von 99 Jahren dem Schweizerischen Bund für Naturschutz zu verpachten; dieser verpflichtet

Seit 1933 ist der Aletschwald geschützt. Das wäre heute anders, hätte sich die Armee durchgesetzt und in der Nachkriegszeit einen riesigen Schiessplatz errichtet – auf der Karte rot eingezeichnet –, der unter anderem das ganze Aletschgebiet umfassen sollte.

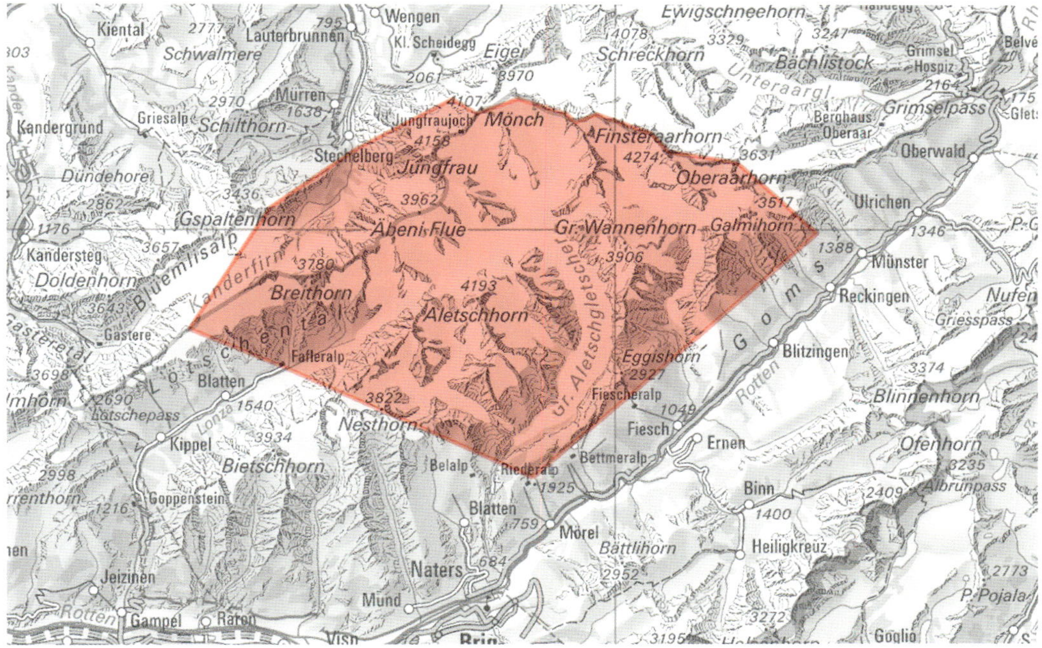

sich als Gegenleistung zu einem finanziellen Beitrag an einen Stollen für die Bewässerung der Riederalp. Am 5. Mai 1933 bekräftigt die Walliser Regierung die Vereinbarung: «Der Aletschwald wird (...) als absolute ‹Reservation› und ‹Naturdenkmal› erklärt und unter Schutz gestellt.»

1936: Die Gemeinde Fieschertal verkauft eine Parzelle beim Märjelensee an einen Privaten mit der Erlaubnis, eine Herberge zu eröffnen und eine touristische Eisgrotte am Aletschgletscher einzurichten. Sogleich beginnen die Arbeiten am Gasthaus, doch bald wehren sich Heimatschutz, Bund für Naturschutz und Alpen-Club gegen das Vorhaben. Die Walliser Regierung, die das Projekt zunächst bewilligt hatte, setzt eine Untersuchungskommission ein. Im Februar 1938 entscheidet sie: «Die Gegend des Märjelensees wird gegen jegliche Veränderung und Verunstaltung geschützt, es wird ein absolutes Bauverbot für dieses Gebiet erlassen und die Errichtung einer Eisgrotte daselbst untersagt», und entschädigt den Privaten. Daraufhin rekurriert die Gemeinde beim Bundesgericht, nicht zuletzt, weil sie das Gebot der Gleichbehandlung verletzt sieht: Auf dem Jungfraujoch sei ja eine Grotte bewilligt worden. Das Gericht stützt jedoch den Entscheid der Regierung, das Märjelental bleibt geschützt und unverbaubar – eigentlich bis heute.

31. Oktober 1937: Einweihung des Sphinx-Observatoriums beim Jungfraujoch.

1943–44: Die Armee erwägt, für die Nachkriegszeit einen Schiessplatz der Fliegerabwehrtruppen auf der Riederalp zu errichten. Während 7 bis 8 Monaten im Jahr wären damit das ganze Aletsch- und Oberaletschgebiet gesperrt, dazu Teile des oberen Lötschentals, das hintere Lauterbrunnental, die Nordseite der Jungfrau und der ganze Kessel des Fieschergletschers. Der Widerstand ist wuchtig: Naturschützer, Nationalkonservative, Gemeinden, Verkehrsvereine, Skiverbände, die Berner Regierung, alle sind dagegen, ja selbst die NZZ. Bald darauf legt die Armee das Projekt sang- und klanglos ad acta.

1952: Der Aletschgletscher erscheint erstmals auf einer amtlichen Briefmarke.

10. August 1953: Die noch junge Schweizerische Rettungs-Flugwacht – sie ist erst einjährig – führt eine eindrückliche Übung auf dem Ewigschneefäld durch. Nachdem die Gletscherpiloten Hermann Geiger und Georges Burlet das Landegebiet ausgekundschaftet und mit Flaggen markiert haben, hebt in Kloten eine eigens umgerüstete DC-3 der Swissair ab und fliegt das Gebiet an. Drei an Fallschirmen ausgeworfene

Heute sind die Parabolantennen der Richtfunkstation abmontiert – von 1954 bis 2011 dienten sie als wichtige Funkbrücke zwischen dem Süden und dem Norden der Alpen (rechts).
Die Staumauer Gibidum dient der Stromproduktion und ist seit 1969 in Betrieb (unten).

75-kg-Puppen dienen der Bestimmung der Windverhältnisse. In der Folge springen aus 4200 Metern Höhe sieben Retter, davon fünf Ärzte, mit dem Fallschirm ab, vollbepackt mit Ski- und Bergausrüstung, Lawinenmaterial, Funkgeräten, Wolldecken, Zelten und Kochern. Weitere Fallschirme bringen insgesamt eine Tonne Sanitätsmaterial auf den Gletscher, darunter Beatmungsgeräte, Wiederbelebungsapparat und eine Narkoseanlage samt Ätherflaschen – «Ein Operationszimmer landet auf dem Ewigschneefeld», wird die NZZ titeln. Die Ausrüstung wird dann zu Fuss zum 160 Meter höher liegenden Mönchsjoch geschleppt. Um ihre Fitness zu beweisen, müssen die Retter schliesslich noch den Mönch überschreiten und über dessen Westgrat absteigen.

1954: Nach einigen Jahren Testbetrieb nimmt die PTT am Ostgrat der Jungfrau eine Richtstrahlstation für zivile und militärische Zwecke in Betrieb. Damit lassen sich Radio- und Fernsehsignale sowie Telefongespräche erstmals in der Schweiz in grossem Stil kabellos über die Alpen hinweg übertragen – was auch für die umliegenden Länder von Bedeutung ist und Live-Fernsehübertragungen, beispielsweise zwischen Deutschland und Italien, erleichtert. Anlässlich der allerersten Sendung von Eurovision – dem Narzissenfest von Montreux vom 6. Juni 1954 – laufen

1972 brennen die Gasthäuser auf dem Jungfraujoch nieder.

die Signale bereits über die Anlage auf etwa 3700 Metern Höhe. Jahrzehntelang bildet sie mit den Stationen Albis bei Zürich und Monte Generoso im Tessin, mit denen sie direkte Sichtverbindung hat, das Rückgrat des Schweizer Richtfunknetzes, das 1984 einen Drittel aller Ferngespräche abwickelt. Doch mit dem Aufkommen der Glasfasernetze verliert die Richtfunktechnik an Bedeutung. Ende 2011 wird die Anlage an der Jungfrau stillgelegt, 2012 folgt die Demontage der Parabolantennen.

Sommer 1964: Beginn der Bauarbeiten an der Staumauer Gibidum. Im Juli 1969 erfolgt der erste Vollstau. Seither liegt die Massaschlucht weitgehend trocken.

1965: Der Gletscher senkt sich auch beim Konkordiaplatz immer mehr ab und legt steile Felsen frei. Um den zunehmend heiklen Zugang zur Konkordiahütte zu erleichtern, werden neun (für heutige Verhältnisse eher waghalsige) Holzleitern und zwei Stege angebracht.

9. März 1968: Die Seilbahn aufs Eggishorn (oder eher: auf dessen südlichen Vorgipfel) nimmt den Betrieb auf und macht den historisch und touristisch berühmtesten Blick auf den Aletschgletscher noch populärer. Von der Bergstation lässt sich der Aussichtsberg fortan in bloss 15 Minuten auf einem Wanderweg erreichen.

Anfang der 1970er-Jahre: Der Mittelaletschgletscher verliert den Kontakt zum Aletschgletscher und zieht sich in sein Seitental zurück.

21. Oktober 1972: Kurz nach zwei Uhr morgens bricht auf dem Jungfraujoch ein Brand aus, der – nicht zuletzt dank starkem Wind – rasch um sich greift. Die von der Station Eigergletscher angerückte Betriebsfeuerwehr trifft um 4 Uhr morgens ein, kann jedoch nur den Bahnhofsbereich und die Forschungsstation vor den Flammen retten. Berghaus und Touristenhaus brennen vollständig nieder. Seither gibt es für Touristen auf dem Jungfraujoch keine Übernachtungsmöglichkeiten mehr. Die Brandursache konnte nie ermittelt werden.

18. Juli 1976: Bergführer Ruedi Krebs aus Meiringen führt eine Seilschaft mit vier Kundinnen vom Konkordiaplatz Richtung Hollandiahütte. Dort wartet sein Sohn Hans, ebenfalls Führer. Als der Vater nicht eintrifft, steigt er über den Aletschfirn hinab, um die Seilschaft zu suchen. Was er findet, sind vier Rucksäcke am Rand einer Spalte, worauf er zur Hütte zurückkehrt und per Nottelefon die Walliser Kantonspolizei alarmiert. Inzwischen hat auch der Hüttenwart der Konkordiahütte, der Hans Krebs per Feldstecher beobachtet, Verdacht geschöpft und alarmiert die Rettungsflugwacht. Da der aufgebotene Helikopter von Interlaken wegen Schlechtwetters umdrehen muss, geht die Rettungsaktion in Walliser Hände über. Um 21.20 Uhr starten in Zermatt zwei Helikopter. Chefpilot Siegfried Stangier schafft es in der Nacht, bei miserablem Wetter und schlechter Sicht knapp bis zur Konkordiahütte – nicht zuletzt dank der Gewitterblitze, die das Gelände im-

1996 wird die erweiterte Sphinx inklusive Schnellaufzug eingeweiht (links). 2001 anerkennt die Unesco das Aletschgebiet als Weltnaturerbe – Holzsäulen markieren die Schwellen zum geschützten Gebiet (rechts, mit Fieschergletscher). 1983 erscheint eine Briefmarke mit spiegelverkehrtem Aletschgletscher – und wird bald darauf aus dem Verkehr gezogen (unten).

mer wieder ausleuchten. Kurz vor zwei Uhr nachts, bei nun besseren Sichtbedingungen, fliegt er mit einem starken Scheinwerfer den Gletscher ab und ortet die Unfallstelle; kurz darauf trifft der zweite Helikopter der Air Zermatt ein. Die angeflogenen Spezialisten der Bergrettung Belalp seilen sich in die Spalte ab, wo sie in 18 Metern Tiefe die fünf leblosen Körper finden. «Da der Tag sehr heiss war, sind sie alle nur leicht bekleidet. Pullover und Anoraks sind teilweise um die Hüfte geschlungen. So müssen wir vermuten, dass der Tod im Eis durch Unterkühlung eingetreten ist», so Stangier. Es bleibt bis heute einer der schlimmsten Spaltenunfälle der Alpingeschichte.

1977: Die Seilbahn von der Bettmeralp auf die Gratschulter des Bettmerhorns nimmt den Betrieb auf.

1979: Bau der Mönchsjochhütte.

17. Februar 1983: Die Post bringt eine neue Briefmarkenserie zum Thema Tierkreiszeichen heraus. Die 2-Franken-Marke ist der Jungfrau gewidmet und zeigt den Aletschgletscher – irrtümlicherweise jedoch seitenverkehrt.

19. Dezember 1983: Der Bundesrat beschliesst, das Gebiet «Aletsch–Bietschhorn» ins Bundesinventar der Landschaften und Naturdenkmäler von nationaler Bedeutung (BLN) aufzunehmen.

1. Juli 1996: Nach «einer Planungs- und Bauzeit von 24 Jahren» (NZZ) wird auf der Sphinx (Jungfraujoch) ein verglastes Aussichtsgebäude mit umlaufender Terrasse eröffnet. Gleichzeitig geht eine Doppel-Liftanlage in Betrieb, 110 Meter hoch. «Die Aufzüge gehören – zusammen mit jenen im Prime Tower – mit 6,3 Metern pro Sekunde noch heute zu den schnellsten der Schweiz und befördern pro Stunde bis 1200 Fahrgäste», so Hersteller Schindler in einer Publikation 2014.

13. Dezember 2001: Die Unesco anerkennt das Gebiet «Jungfrau-Aletsch-Bietschhorn» zum ersten Weltna-

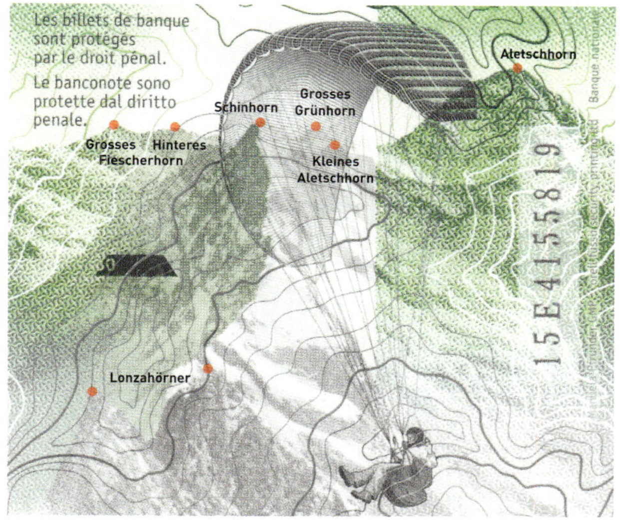

2015 besuchen mehr als eine Million Touristen das Jungfraujoch, manche wandern von dort Richtung Mönchsjochhütte (links).
2016 erscheint die neue 50-Franken-Banknote mit dem Aletschhorn (rechts).
Das 2012 gefundene Fernglas, nach 86 Jahren im Eis (unten).

turerbe der Alpen: «This is the most glaciated region of the Alps, containing Europe's largest glacier.» 2007 wird das Welterbe um gut 50 Prozent erweitert und in «Schweizer Alpen Jungfrau-Aletsch» umbenannt. Über den Wegfall ihres Bietschhorns im Namen sind die Lötschentaler «nicht glücklich», wie der Walliser Bote berichtet. Seither sind im Alpenraum drei weitere Welterbe-Regionen hinzugekommen: der Monte San Giorgio (CH/I, 2003/2010), die Tektonikarena Sardona (CH, 2008) und die Dolomiten (I, 2009).

18. August 2007: Im Rahmen einer Kunstaktion, die von Greenpeace angeregt wird, lässt der Fotograf Spencer Tunick auf dem Aletschgletscher unweit des Märjelensees 600 nackte Personen aufmarschieren, arrangiert sie zu «lebenden Skulpturen» auf dem Eis und hält sie fotografisch fest.

27. Juni 2012: Die Briten Robert McGregor und Sally Stoneley stossen anlässlich einer Gletscherwanderung zwischen Konkordiaplatz und Märjelensee auf menschliche Knochen. «Zudem wurden Kleiderreste, ein Fernglas, eine Sackuhr, eine Tabakpfeife, Schneeschuhe, Bergstöcke und ein Geldbeutel aus schwarzem Leder mit neun Franken gefunden», so die Agenturmeldung der SDA. Wie eine Untersuchung ergibt, handelt es sich um die Überreste der drei Gebrüder Johann, Cletus und Fidelis Ebener aus dem Lötschental, die am 4. März 1926 von Kippel aus zu einer Skitour ins Aletschgebiet aufgebrochen waren, zusammen mit dem immer noch verschollenen Max Rieder. Das Unglück hatte damals hohe Wellen geworfen und das Lötschental in grosse Trauer versetzt. «It is believed that they must have lost their way and perished in a blizzard», schrieb die britische Times am 10. März 1926. Im Sturm hatten sich die Bergsteiger verirrt, blieben etwa einen Kilometer nördlich der Hollandia-

hütte erschöpft auf dem Äbeni-Flue-Firn liegen, wurden dann überschneit und schliesslich vom Gletscher verschluckt – so die Erklärung von Forschern der ETH Zürich, welche die Fliessbahnen des Gletschers rekonstruierten. Ihre Berechnungen ergeben, dass die Gebeine im Eis jährlich um 122 Meter talwärts wanderten, den Konkordiaplatz rund 250 Meter unter der Oberfläche passierten und insgesamt 10,5 Kilometer zurücklegten, ehe sie in der Nähe des Fundorts wieder ans Tageslicht kamen.

2015: Die Jungfraubahn befördert innerhalb eines Jahres 1 007 000 Gäste aufs Jungfraujoch, so viele wie nie zuvor.

12. April 2016: Die Nationalbank gibt als ersten Wert der neuen Schweizer Banknotenserie die 50-Franken-Note heraus. Darauf sind das Aletschhorn und weitere Gipfel der Region abgebildet – aus der Perspektive des Lötschentaler Breithorns im Oberaletschkessel.

2016: Eröffnung des World Nature Forum in Naters. Es umfasst ein Informationszentrum für Besucher des Welterbes «Schweizer Alpen Jungfrau-Aletsch» sowie ein interdisziplinäres Forschungszentrum.

Walliser Fiescherhörner und Strahlhorn.

ANHANG

LITERATURTIPPS

Allgemein

www.jungfraualetsch.ch. Auf der Webseite des Welterbes «Schweizer Alpen Jungfrau-Aletsch» findet man zahlreiche informative Broschüren zu Themen und Regionen rund um den Aletschgletscher.

www.myswissalps.ch. Vom Welterbe-Zentrum betriebene Plattform. Unzählige interessante Wandertipps erschliessen die Landschaft thematisch und ermöglichen, die beschriebenen Sehenswürdigkeiten vor Ort aufzuspüren.

Laudo Albrecht, *Aletsch – Eine Landschaft erzählt*, Visp 1997. Der Biologe und Leiter des «Pro Natura Zentrum Aletsch» erklärt die Landschaft rund um den Gletscher auf lebendige, anschauliche Art und befasst sich eingehend mit naturkundlichen und kulturhistorischen Aspekten.

Hanspeter Holzhauser, *Zur Geschichte der Aletschgletscher und des Fieschergletschers*, Geographisches Institut der Universität Zürich, 1984. Die Dissertation – eine Kombination aus akribischen Beobachtungen im Gelände und Auswertungen historischer Quellen – ermöglicht einen vertieften Einblick in die Vergangenheit des Aletschgletschers. Das Buch ist auch kostenlos im Internet zu finden.

Glaziologie

Jürg Alean, *Gletscher der Alpen*, Bern 2010.

www.glaciology.ethz.ch/swiss-glaciers. Internetseite des schweizerischen Gletschermessnetzes GLAMOS.

www.swisseduc.ch. Die Rubrik «Glaciers online» wird von Jürg Alean und Michael Hambrey betreut und bietet nebst Grundwissen laufend aktualisierte Informationen zu Gletschern weltweit (auch zum Aletsch).

Fauna und Flora, Schutzgebiete

Barbara Leuthold Hasler, *Lebendige Alpen – Tiere und Pflanzen am Berg*, Worb 2013.

www.pronatura-aletsch.ch. Gute Informationsquelle zum Aletschwald.

Kulturraum

Historischer Verein Oberwallis, *Walliser Sagen*, 2 Bände, Brig 1907.

Erwin Jossen, *Naters – Das grosse Dorf im Wallis*, Visp 2000.

William Augustus Brevoort Coolidge, *Zur topographischen Geschichte des Belalp- und des Aletschgletschergebiets, der Eggishornkette und des Märjelensees*, in: Blätter aus der Walliser Geschichte 1914, Vol. 19, 1914.

Entdeckung

Rudolf Meyer und Hieronymus Meyer, *Reise auf den Jungfrau-Gletscher und Ersteigung seines Gipfels, durch die Herrn Rudolf Meyer und Hieronymus Meyer von Aarau, im August 1811*, in: Miszellen für die Neueste Weltkunde, Aarau 1811.

Heinrich Zschokke, *Reise auf die Eisgebirge des Kantons Bern und Ersteigung ihrer höchsten Gipfel im Sommer 1812*, in: *Miszellen für die Neueste Weltkunde*, Aarau 1813. Der Text beruht auf Mitteilungen von Rudolf Meyer, enthält aber Ungenauigkeiten.

Abraham Emanuel Fröhlich, *Erinnerungen an Prof. Dr. Rudolf Meyer*, in: Alpenrosen auf das Jahr 1852, Aarau/Thun 1852. Gemäss Verfasser entspricht diese Schilderung dem tatsächlichen Verlauf der Expedition von 1812.

Hans Caspar Rohrdorf, *Reise über die Grindelwald-Viescher-Gletscher auf den Jungfrau-Gletscher und Ersteigung des Gletschers des Jungfrau-Berges*, Bern 1828.

Édouard Desor, *L'ascension de la Jungfrau, effectuée le 28 août 1841, par MM. Agassiz, Forbes, du Chatelier et Desor, précédée du récit de leur traversée de la mer de glace, du Grimsel a Viesch en Valais*, Genève, 1841. Es erschien auch eine deutsche Übersetzung (*Die Besteigung des Jungfrauhorns durch Agassiz und seine Gefährten*, Solothurn 1842), die aber inhaltlich oft vom Original abweicht.

Daniel Anker, *Jungfrau – Zauberberg der Männer*, Zürich 1996.

Alphons Epiney, Anton Nanzer, *150 Jahre Erstbesteigung Aletschhorn 1859–2009*, Naters 2009.

Gottlieb Studer, *Über Eis und Schnee – Die höchsten Gipfel der Schweiz und die Geschichte ihrer Besteigung*, Bern 1869.

www.zumbo.ch. Zahlreiche historische Karten online.

John Frederick Hardy, *Ascent of the Finsteraar Horn*, in: *Peaks, Passes, and Glaciers*, Series 1, London 1859.

Caroline Fink, Marco Volken, *Die Viertausender der Schweiz – Les grands sommets de Suisse – I quattromila delle Alpi Svizzere – The highest peaks of Switzerland*, Zürich 2015.

Forschung

Marco Volken, *Lockte doch das abenteuerliche Leben in einem Polarzelt …*, in: Daniel Anker, *Mönch – Mittelpunkt im Dreigestirn*, Zürich 2002.

www.ifjungo.ch. Webseite der Hochalpinen Forschungsstationen Jungfraujoch und Gornergrat mit aktuellen und früheren Forschungsarbeiten.

Tourismus

Thomas Antonietti, *Bauern Bergführer Hoteliers – Fremdenkultur und Bauernkultur – Zermatt und Aletsch 1850–1950*, Baden 2000.

Roland Flückiger-Seiler, *Berghotels zwischen Alpweide und Gipfelkreuz – Alpiner Tourismus und Hotelbau 1830–1920*, Baden 2015.

Verena Gurtner, *Jungfrau express – Mit der Jungfraubahn ins Hochgebirge*, Goldswil-Interlaken, 1997.

Jungfraujoch – Top of Europe – Erlebnis Jungfraubahn, Zürich 2011.

Rudolf Rubi, *Die Geschichte der Konkordiahütten*, Grindelwald, 1977. Einen historischen Überblick findet man auch auf *www.konkordiahuette.ch*.

Wasser

Sandra Crameri, *Wege durch die Wasserwelt*, Nr. 2.1 *Gletscher und Wasserkraftnutzung Belalp–Blatten bei Naters* und 2.2 *Gletscher und Wasserversorgung Riederalp–Fiescheralp*, Bern 2005.

Otto Lütschg, *Der Märjelensee und seine Abflussverhältnisse*, Bern 1915.

Wilfried Haeberli et al., *Neue Seen als Folge des Gletscherschwundes im Hochgebirge – Chancen und Risiken*, Forschungsbericht NFP 61, Zürich 2013. Auf www.vdf.ch auch kostenlos online erhältlich.

Johannes Gerber, Jean-Henry Papilloud, *Walliser Suonen*, Sierre 2015.

www.suone.ch, *www.musee-des-bisses.ch*.

Wandern

Thomas Bachmann, *Jungfrau-Aletsch-Bietschhorn – 35 Wanderungen im und ums Unesco-Weltnaturerbe*, Zürich 2006.

BILDNACHWEIS

o=oben, u=unten, l=links, m=Mitte, r=rechts

Jürg Alean: 28, 29 (ol)
Daniel Anker, Jungfrau – *Zauberberg der Männer*, Zürich 1996: 91 (l)
Sammlung Daniel Anker: 144 (ol)
Schweizerische Bauzeitung, 1932: 194 (u)
Joseph Bettanier, *Etudes sur les glaciers,* Solothurn 1840: 129
Jürgen und Sibylle Brandes, *E. T. Compton,* München 2007: 73 (o)
Roberta Brigger: 68
Les 75 ans du Club alpin suisse Section Chasseral, 1966: 152 (ur)
Noemi Chow: 21
Eugène Cicéri, *La Suisse et la Savoie,* Paris 1859: 47 (l), 72/73.
Stefan Conzett: 123 (ol, or)
Clinton Thomas Dent, *Mountaineering,* London 1892: 82
Édouard Desor, *Die Besteigung des Jungfrauhorns durch Agassiz und seine Gefährten,* Solothurn 1842: 95 (r)
Daniel Dollfus-Ausset, *Matériaux pour l'étude des glaciers,* Strasbourg 1872: 79
Daniel Dollfus-Ausset, *Collection de 28 daguerréotypes représentant les plus anciennes reproductions héliographiques des Alpes,* Paris 1893: 162 (u)
Heinrich Dübi, *Die ersten fünfzig Jahre der Sektion Bern,* Bern 1914: 151 (ur), 153 (u)
ETH-Bildarchiv, Lizenz CC BY-SA 4.0: 30 (Foto Swissair / Stiftung Luftbild Schweiz); 110 (u); 113 (l); 114, 171 (l) (Fotos Otto Lütschg); 116 (o); 130, 139 (ol) (Fotos Werner Friedli / Stiftung Luftbild Schweiz); 133 (ol, ul, ur) (Fotos Leo Wehrli); 191 (r); 196 (or) (Foto Patrick Lüthy)
ETH-Bildarchiv, Public Domain: 76, 81, 138 (u), 163 (ul) (Fotos Adolphe Braun); 102 (Foto Walter Mittelholzer); 138 (or)
Valerie Giger: 9
Franziska Glüer: 122, 123 (om, u)
Gebhard Guyer, *Im Ballon über die Jungfrau nach Italien,* Berlin 1908: 191 (l)
Henri Hogard, *Recherches sur les glaciers et sur les formations erratiques des Alpes de la Suisse,* Paris ca. 1862: 78
L'Illustration, Paris 1913: 192 (o)
Guillaume Jouvet: 23, 124, 125
Jungfraubahn, Zürich 1927: 116 (ur), 144 (or), 145 (ol, r), 148
Bazare des Jungfraujochs, *Jungfraubahn,* Meilen (ohne Datum): 142, 144 (ul), 145 (u)
Archiv Jungfraubahnen (jungfrau.ch): 192 (u), 197
Hochalpine Forschungsstation Jungfraujoch, Zürich 1931: 111 (l), 112
Kantonspolizei Wallis: 199 (u)
Urs Kneubühl, Markus Schürpf, *Jules Beck,* Zürich 2012: 95 (l), 163 (ur)
Bundesamt für Landestopografie: 100 (r), 188 (bearbeitet), 195 (r, bearbeitet)
Barbara Leuthold Hasler: 55 (o), 56 (u), 59 (u), 60 (u), 61 (ur)
Andreas Linsbauer, Frank Paul und Wilfried Haeberli, *J. Geophys. Res.* 2012: 167 (r)
Fulvio Mariani, Iceberg-Film Savosa: 204 (l)
Ignace Mariétan, *Les bisses,* Neuchatel 1948: 171 (or, ur)
Mediathek Wallis: 98
Mengis Medien, Visp: 132 (ul)
Bundesamt für Meteorologie und Klimatologie: 168
Alexander von Muralt, *Zwanzig Jahre Hochalpine Forschungsstation Jungfraujoch,* Bern 1951: 117 (u)
Mitteilungen der Naturforschenden Gesellschaft, Solothurn 1923: 113 (m)
Eduard Osenbrüggen, *Das Hochgebirge der Schweiz,* Basel 1867: 162 (o)
Jean-Henry Papilloud et al., *Die Suonen des Wallis,* Visp 2000: 73 (u)
Alfred de Quervain, *Der Stand der meteorologischen und astronomischen Einrichtungen in der Forschungsstation Jungfraujoch im Herbst 1925,* Zürich 1925: 116 (ul)
Stefan Reimann: 120 (r), 121 (r)
Hans Caspar Rohrdorf, *Reise über die Grindelwald-Viescher-Gletscher auf den Jungfrau-Gletscher und Ersteigung des Gletschers des Jungfrau-Berges,* Bern 1828: 96
The Royal Society, London: 113 (r)
Hugo Ruoss, *100 Jahre Luftfahrt in der Schweiz,* Kloten 2012: 193 (l)
Jahrbuch SAC, 1873/74: 151 (or)
Jahrbuch SAC, 1882/83: 132 (o)
Jahrbuch SAC, 1907/08: 94
SAC, *Die Alpen,* 1952: 190 (r)
Henry Schütz Wilson, *Alpine ascents and adventures,* London 1878: 104 (o)
Vittorio Sella, *Mountain photographs 1879–1909,* Viareggio 2014: 163 (o)
Sport, Zürich 1931: 194 (ol, or, mr)
Sammlung Stadtmuseum Aarau (via Wikipedia): 90
Swiss dam technique, Baden 1970: 178
John Tyndall, *Hours of Exercise in the Alps,* London 1871: 189 (u)
Sektion Uto, *Das Unglück an der Jungfrau vom 15. Juli 1887,* Zürich 1887: 190 (l)
Sammlung Marco Volken: 100 (l), 106, 131, 132 (ur), 133 (or), 136, 137, 138 (l), 139 (u), 143, 149 (or), 152 (ul), 166, 189 (ol, or), 198 (u), 203, Umschlag Rückseite (or).
Chronik der Wengernalp- und Jungfraubahn, Bern 1923–1926: 111 (r), 144 (ur), 193 (r)
www.zumbo.ch: 99

Alle übrigen Bilder und Illustrationen: Marco Volken.

Der Autor und seine Schwester bei einer frühen Gletscherbesichtigung 1971.

DIE AUTOREN

Marco Volken, Jahrgang 1965, stammt aus dem Wallis (väterlicherseits aus der Aletschregion), wuchs im Tessin auf und wohnt seit seinem Physikstudium in Zürich. Als freier Bergfotograf und Buchautor befasst er sich hauptberuflich mit der Geschichte, Gegenwart und Ästhetik der Schweizer Alpen und hat bis heute rund 30 Bildbände, Sachbücher und Führer (mit-)veröffentlicht. Zu seinen neuesten Publikationen gehören «Stille Orte» (2015), «Die Viertausender der Schweiz» (2015) und mehrere Führer für den Schweizer Alpen-Club. www.marcovolken.ch.

Jürg Alean besucht seit vier Jahrzehnten Gletscher in aller Welt. Seit seiner Ausbildung an der ETH Zürich befasst er sich insbesondere mit Gletscher-Klima-Beziehungen sowie Reichweiten von Eislawinen. Er hat Feldarbeiten in den Schweizer Alpen, der Kanadischen Arktis, Alaska und Südamerika durchgeführt und zu gefährlichen Gletschern, insbesondere Eislawinen, publiziert. Dazu kommen populärwissenschaftliche Arbeiten und verschiedene Bücher, darunter «Gletscher der Alpen» (2010) und «Gletscher der Welt» (2013). Er ist Präsident des Vereins Swisseduc, der ehrenamtlich den bedeutendsten Bildungsserver der Schweiz betreibt (swisseduc.ch). An der Kantonsschule Zürcher Unterland unterrichtete er bis zu seiner Pensionierung Geografie.

Barbara Leuthold Hasler, geboren 1965, wohnt in Illnau im Zürcher Oberland und arbeitet als selbstständige Biologin, Bergführerin und Autorin zu Naturthemen. Ihr Wissen und ihre Begeisterung für die Natur gibt sie während Bergtouren und Kursen an Interessierte weiter. Fürs Wandermagazin SCHWEIZ verfasst sie Artikel zu Naturthemen, für die Bergsportschule bergpunkt schrieb sie das Lehrheft «Lebendige Alpen» (2013). Weitere Publikationen sind «Spurensuche» (2011) und «Blütenwandern» (2012), zwei Wanderführer mit Pflanzen und Tieren als Themenschwerpunkte.

Laudo Albrecht, geboren 1959, lebt in Mörel-Filet im Aletschgebiet. Der Biologe mit Schwerpunkt Zoologie und Geobotanik leitet seit 1989 das «Pro Natura Zentrum Aletsch» auf der Riederalp. Daneben sitzt er im Stiftungsrat des Unesco-Welterbes «Schweizer Alpen Jungfrau-Aletsch», ist seit 2013 Präsident der Burgergemeinde Mörel-Filet und Präsident von Forst Massa. 1997 erschien von ihm «Aletsch – Eine Landschaft erzählt», ein Band zur Natur und Kultur rund um den Gletscher und den Aletschwald. In seiner Freizeit widmet er sich der Naturfotografie und führt die Webseite www.wildlifebilder.ch.

DANK

Der Autor dankt allen, die in irgendeiner Form zum guten Gelingen dieses Buchs beigetragen haben, insbesondere:

Für die gute Zusammenarbeit: Urs Bolz, Claudia Neff und Matthias Weber vom AS Verlag.

Für die finanzielle Unterstützung: sämtlichen im Impressum (Seite 4) genannten Institutionen.

Für die Fachtexte zu Eis und Natur: Jürg Alean (Eglisau), Barbara Leuthold Hasler (Illnau), Laudo Albrecht (Filet).

Für das Vorwort und die guten Dienste: Beat Ruppen (Naters).

Für Beiträge zur aktuellen Forschung: Franziska Glüer (ETH Zürich), Guillaume Jouvet (ETH Zürich), Stefan Reimann (Empa Dübendorf).

Für die Geschichte der Massaschlucht: Toni Labhart (Wabern), Peter Kimmig (Bitsch).

Für die Führung durch die Massaschlucht: Michael Kimmig (Ried-Mörel).

Für Illustrationen und Fotos: Roberta Brigger (Ried-Mörel), Stefan Conzett (ETH Zürich), Noemi Chow (Zürich), Andreas Linsbauer und Wilfried Haeberli (Universität Zürich), Fulvio Mariani (Iceberg-Film Savosa), MeteoSchweiz.

Für spezifische Hinweise und Unterlagen: Daniel Anker (Bern), Hanspeter Berchtold (Bitsch/Binn), Marco Bomio (Grindelwald), Alphons Epiney (Naters), Sabine Herzog (Bundesamt für Umwelt), Martin Nellen (Riederalp), Markus Rieder (Kantonspolizei Wallis), Bernhard Ruppen (Naters), Christoph Sager (Konkordiahütte), Andreas Wyss (Jungfraubahnen).

Für Werk- und Institutsführungen: Siegi Brantschen (Hydro Exploitation), Martin Fischer (Hochalpine Forschungsstation Jungfraujoch), Beat Tenisch (EnAlpin).

Für Unterstützung vor Ort und im Basislager: Caroline Fink (Zürich), Bea Volken (Zürich).

Der Grosse Aletschgletscher und die Milchstrasse – Blick von der Belalp.